TIANJIN 天津滨海
BINHAI 盐生植物
HALOPHYTES

天津滨海新区管理委员会 ◎主编

中国林业出版社

在中国的渤海之滨
京津门首
有一片广袤的盐碱荒地
经过二十多年的开发建设
这片土地崛起了一座高楼林立
绿意盎然的现代化经济新区
——滨海新区

序|Foreword

进入21世纪，世界更加关注中国，关注中国的经济建设，关注中国的生态环境。

在中国的渤海之滨，京津门首，有一片广袤的盐碱荒地。经过二十多年的开发建设，这片土地崛起了一座高楼林立、绿意盎然的现代化经济新区，吸引着各方投资者的目光。这里就是天津的滨海新区。党的十六届五中全会和十届全国人大四次会议，将天津滨海新区列入国家“十一五”规划，纳入全国总体战略布局，成为继深圳特区、上海浦东新区之后中国经济第三增长极。滨海新区也由此成为世界关注的焦点。

经济建设和生态环境是相互影响的，超过一定极限就会凸显矛盾。如何实现科学发展、实现可持续发展，是举国上下全力以赴破解的难题。现在，天津滨海新区正处在经济高速增长期，同样也面对着严峻的环境压力。2006年，国务院下发20号文件，要求滨海新区努力建设北方对外开放门户、高水平现代制造业和研发转化基地、北方国际航运中心和国际物流中心，逐步建成经济繁荣、社会和谐、环境优美的宜居生态型新城区。中央将推进滨海新区的开发开放提升为国家发展战略，不仅要求滨海新区带动环渤海区域经济发展，还有一个很重要的目的是要求滨海新区在科学发展观的指导下，探索出一条经济与环境协调发展的新路，为全国发展提供经验和示范。

为切实承担起党中央、国务院赋予的历史重任，滨海新区将环境建设作为重中之重，提出了一系列目标和举措。在新制定的滨海新区“十一五”规划纲要、城市总体规划和土地利用总体规划中，规划了795平方公里生态用地和398平方公里农业用地，致力于建设开发区和大港石化两个生态工业园，发展石化、电水盐联产、冶金、汽车四条循环经济产业链。力争“十一五”期间，单位生产总值能耗下降20%，取新水量下降30%，重点污染物减排10%以上。到2010年，建成区绿化覆盖率达到40%，森林覆盖率10%，人均公共绿地面积22平方米。

然而，完成上述任务特别是绿化任务并不是

一件容易的事。新区土地条件较差，坑、塘、洼、淀众多，土壤盐渍化严重，表层土含盐量高达1%～4%，花草树木难以生存，植被稀疏。过去搞城区绿化，大都采用挖地换土等多种工程处理方式，投资成本巨大，同时形成次生破坏。滨海新区多年来一直在致力于攻克这一难题。在充分学习借鉴先进国家城市建设与环境治理经验的基础上，经过长时间的探索和实践，终于摸索出了一条建设生态型城区的新思路。新区在盐碱地上规划建设了1平方公里的垃圾处理场，拟采用国际领先的垃圾矿化处理技术，将城市垃圾制成工程土和有机肥。由于垃圾处理场自身的土质和制成的工程土、有机肥均有较高的含盐量，拟采用野外盐生植物对其进行全面绿化。垃圾处理场建成后，不仅是新区的现代化垃圾处理中心，也是一座盐生植物博物园、盐生植物绿化示范园和生物土壤脱盐的实验基地。这个生态绿化培育系统具有很强的推广价值，工程土不仅可以用来土地填垫，而且可以代替农用土进行大面积生态绿化，变废为宝，功在当代，利在千秋。

目前，新区对其内部及邻近地区的盐生植物进行了全面的采集，发现了120种野外盐生植物，这些植物均生长在盐渍化程度不同的土壤上。《天津滨海盐生植物》这本书，依据盐生植物的耐盐性特征和科属排列规则，以图文并茂的形式分类系统地介绍了这些盐生植物聚盐、泌盐、拒盐和耐盐等生物学特性，尤其介绍了每种植物的生长条件、观赏特性和绿化用途，为新区改良土壤条件、优选绿化植物和园艺设计提供了科学可靠的实践依据。这是一本新区盐生植物的百科全书，也是一本指导新区生态城区建设的教科书。它所带来的经济效益和社会效益不仅体现在滨海新区，还将体现在中国的沿海地区，体现在整个中国乃至世界。

皮黔生

2007年5月

滨海新区土地条件较差，坑、塘、洼、淀众多，土壤盐渍化严重，表层土含盐量高达1%～4%，花草树木难以生存，植被稀疏。

过去搞城区绿化，大都采用挖地换土等多种工程处理方式，投资成本巨大，同时形成次生破坏。

滨海新区多年来一直在致力于攻克这一难题。

在充分学习借鉴先进国家城市建设与环境治理经验的基础上，经过长时间的探索和实践，终于摸索出了一条建设生态型城区的新思路。

前言|Preface

天津滨海新区位于渤海湾西海岸，天津市区以东临海。面积约2270km²，海岸线长153km，滩涂343km²。原为退海地[11]，地势低平，海拔与海平面持平，坡降仅万分之一，多滩涂、盐滩，坑、塘、洼、淀众多，九大河流横贯入海。气候属暖温带大陆性季风气候，年均温11.2℃，春季干旱多风，冬季严寒风大。年降水量少，约600mm，而年蒸发量大于1800mm。土壤干旱缺水，浅层地下水位1m左右，矿化度4g/L，极不利于植物的生长。土壤淤泥质，由滨海盐土和盐化湿潮土组成，土壤盐渍化。沿海地带全盐量平均1.0%～4.0%，土壤贫瘠，有些地方是不毛之地，林木花草难以生存，植被稀疏，多为盐生草甸，仅有少数特殊的盐生植物如盐地碱蓬、滨藜、柽柳等生长，某些非盐生植物和耐盐植物，只有在土壤改良脱盐后才能栽培。根据盐生植物的生态规律，筛选盐生植物、驯化耐盐植物，绿化滨海，美化环境，建立盐生植物园或种质基因库，保护生物多样性是可行的。

近二十多年来，该区域的绿化已有了较大成效，但仅是局部区域和一定范围的绿化。目前，天津滨海新区进入了新的发展阶段，为加快推进滨海新区开发开放，尚有大面积的盐生荒地将在新的起点上高速绿化建设。

基于上述目的，本书收集、筛选出丰富的盐生植物和大量的原色照片，编著成《天津滨海盐生植物》专著，为滨海新区环境的绿化、美化提供科学资料。

本书的编著，是在天津滨海新区管委会的直接领导下，由天津市园林局、南开大学、天津市绿世界园林公司有关人员共同承担。目的是为了滨海新区的园林绿化，充分开发利用本地区盐生

植物，建设人与自然和谐共生的城市生态环境，为在滨海新区推广应用盐生植物提供科学理论基础。

近年来，我们对滨海新区范围内及其邻近地区的盐生植物进行了重点调查研究，进行了植物分类学鉴定。发现本地区盐生植物约有120种，其中专性盐生植物40余种（含聚盐植物、泌盐植物和拒盐植物）；兼性盐生植物70余种（含中度、轻度耐盐植物）。每一种盐生植物经科学鉴定，确定了中文名、异名、拉丁学名和英文俗名。对每一种盐生植物的形态、生理、生态习性、适盐性能、物候、地理分布和经济用途等作了详尽的描述。每一种盐生植物的鉴别特征均配置原色放大照片，可供检索、鉴定、识别和观赏。

本书中盐生植物种类鉴定及其拉丁植物学名和英语俗名，均以《中国植物志》、《中国高等植物图鉴》、《河北植物志》及《新编拉汉英植物名称》为依据；书中全部彩图采用野外现场拍摄。原图原样，按文字描述系统相应配置。

全书分两部分，第一部分：专性盐生植物，分3类，即聚盐植物、泌盐植物和拒盐植物，并各论盐生植物的生理生态特征和耐盐性特点。第二部分：兼性盐生植物，分2类，即中度耐盐植物和轻度耐盐植物，各论其生理生态和耐盐性特征。并以大量的原色图片显示盐生植物的形态性状。本书文字精炼，图片清晰，图文并茂，是一部科学性强，用途广泛，版面设计精巧美观的盐生植物专著。

本书不足之处，敬请批评指正！

编者

2007年6月

目 录|Content

序

前言

总论 013

专性盐生植物

白刺 021
枸杞 022
盐角草 023
盐地碱蓬 024
碱蓬 025
地肤 026
碱地肤 027
东亚市藜 028
朝鲜碱茅 029
柽柳 030
单叶蔓荆 031
二色补血草 032
互花米草 033
大米草 034
狐米草 034
獐毛 035
中亚滨藜 036
藜 037
碱地蒲公英 038
紫花山莴苣 039
沙枣 040
火炬树 041
毡毛梣 042
臭椿 043
杜梨 044
罗布麻 045
紫穗槐 046
砂引草 047
虎尾草 048
白茅 048
田菁 049
蜀葵 050
碱菀 051
丝兰 052
凤尾兰 053
白车轴草 054
芦苇 055
芦竹 056
狭叶香蒲 057
水葱 058
莲 059
荇菜 060

兼性盐生植物

枣 062
合欢 063
日本皂荚 064
刺槐 065
毛刺槐 066
槐树 067
龙爪槐 068
黑松 069
旱柳 070
绦柳 071
新疆杨 072
加拿大杨 073
毛白杨 074
楝树 075
榆 076
龙柏 077
偃柏 078
无花果 079
金叶女贞 080

侧柏 081
千头柏 082
白杜卫矛 083
冬青卫矛 084
红花锦鸡儿 085
曼陀罗 086
蓖麻 087
马蔺 088
田旋花 089
打碗花 090
向日葵 091
野西瓜苗 092
苘麻 093
大花马齿苋 094
费菜 095
五叶地锦 096
紫花苜蓿 097
葡萄 098
地黄 099
圆柏 100
紫荆 101
紫藤 102
构树 103
桑 104
龙爪桑 105
馒头柳 106
毛泡桐 107
海棠花 108
海棠果 109
红叶李 110
桃 111
玫瑰 112
黄刺玫 113
月季花 114
石榴 115
紫薇 116
千屈菜 117
日本小檗 118
紫叶日本小檗 119
木槿 120
连翘 121
海州常山 122
金银忍冬 123
黄杨 124
菊芋 125
一串红 126
鸡冠花 127
菊花 128
爬山虎 129
臭牡丹 129
裂叶牵牛 130
芙蓉葵 131
金盏花 132
大丽菊 133
大花牵牛 134
圆叶牵牛 135
牵牛 136
高羊茅 137
紫茉莉 138
参考文献 139
中文名索引 140
拉丁学名索引 141
英文名索引 143

土壤盐碱化是一个世界性问题，
在实施天津滨海新区开发开放的战略中，
面临着最突出的问题就是，
如何在盐碱地上通过绿化来改变滨海新区生态的脆弱性。

总论

盐碱地概况

土壤盐碱化是一个世界性的问题，全世界盐碱地面积约近10亿公顷。我国的盐碱土壤面积约1亿公顷，主要集中在华北、西北和东北这些干旱和半干旱的地区[10]。天津滨海新区陆域面积2270km^2，其中滨海盐土面积996.5km^2。盐碱土是盐土、碱土以及各种盐化、碱化土壤的统称，又称盐渍土。盐碱土地区，土壤的盐碱含量较多，肥力较低，地下水位较高，浅层水质不良，耕性和生产性能都很差，对园林绿化影响极大。盐碱土分内陆盐碱土、滨海盐碱土和苏打盐碱土，天津滨海新区属滨海盐土和盐化湿潮土。

盐碱地的主要特点是含有较多的水溶性盐或碱性物质。由于土壤内大量盐分的积累，引起盐碱地一系列土壤物理性状的恶化：结构黏滞，通气性不好，容重高，土温上升慢，土壤中好气性微生物活动性差，养分释放慢，渗透系数低，毛细作用强。盐碱对植物的危害主要表现在：①造成植物的生理干旱。盐土中含有过多的可溶性盐，提高了土壤溶液的渗透压，引起植物的生理干旱，使植物的根系不能从土壤中吸取足够的水分，甚至还导致水分从根细胞中外渗，致使植物萎蔫甚至死亡。②伤害植物的组织。土壤含盐量过多，尤其在干旱季节，盐类集聚表土常伤害胚轴。在高pH值时，一般会导致氢氧根离子对植物的直接伤害。有的植物体内集聚过多的盐，会使原生质受害，蛋白质的合成受到严重阻碍，从而造成含氮的中间代谢物的积聚，导致细胞伤害。③影响植物正常营养。因为钠离子的竞争，使植物对钾、磷和其他营养元素的吸收减少，磷的转移也会受到抑制，进而影响植物的营养状况。④影响植物的气孔关闭。在高浓度盐类的作用下，阻碍了气孔保卫细胞内淀粉的形成，从而使气孔不能关闭，造成植物容易干旱枯萎。

盐碱地的改良方法

我国古代很早就开始盐碱土的改良。战国时期有在盐碱地上种稻的记载，传说史起为邺令时“决漳水兮灌邺旁，终古斥卤兮生稻粱”。那时的古人认识到水稻不仅耐碱，而且种稻可增强对土壤的淋溶作用，有助于更好地改良盐碱地。

明清时期对盐碱地的改良和利用取得了新的经验，掌握了多种工程措施与生物措施相结合的治理方法，并在实践的基础上进行了理论的初步总结。这一时期的盐碱地改良和利用主要集中在今河北和天津地区。

明代盐碱地改良有引淡水洗碱，截断咸潮、修建台田、设置排水系统等措施。明代著名学者丘浚（1418～1495）曾针对天津滨海一带盐碱地指出：“大凡滨海之地多咸卤，必得河水而荡涤之，然后可以成田。”强调引水洗碱和截断咸潮。此外他还提出了盐碱地排水的具体规划，他说：“又随地势各为大沟，广一丈以上者，以达于大河。又各随地势各开小沟，广四五尺以上者，以达于大沟。又各随地势开细沟，广二三尺以上者，委曲以达小沟。”强调排水系统对盐碱地改良的作用[12]。

明代万历初年曾任河北省宝坻知县的袁黄总结了当地农民修建台田、蓄淡养青以及种植水稻以改良和利用盐碱地的做法，并著有《宝坻劝农书》加

目前，滨海新区在盐碱地绿化上独辟蹊径，
按照适地适树、适地适草的原则，
利用盐生植物和垃圾土对盐碱地进行大面积改良，
走出一条高效、经济、简便、易行的盐碱地绿化新路。

以推广。他告诉人们在盐碱地上修建地形较高、四周有沟的台田是有益的，“其田形中间高，两边下。不及十数丈即为小沟，百数丈即为中沟，千数丈即为大沟，以住水潦。此甜水、淡水也。其地初种水稗，斥卤既尽，渐可种稻，所谓泻斥卤兮生稻粱，非虚语也。”

在盐碱地上建设台田，是至今仍在普遍应用的措施。今日驰名全国的小站稻，就是清末袁世凯在天津南郊小站练兵时改土种稻的结果。

新中国成立后，我国对盐碱土壤的改造非常重视，从“六五”到“十一五”期间，盐碱土改良一直是国家科技攻关项目的重要内容，一批科学工作者为之奋斗终身，取得了不小的成绩，但盐碱土的改良还有很艰巨的工作要做。

盐碱土改良消除盐碱是根本。从盐碱土形成的过程可知，土壤盐碱化是多种因素综合作用的结果。它的发生和演化和一定的气候、水文、地貌条件，以及人为的灌溉、排水分不开。其中最主要的因素是水。“盐随水来，盐随水去”，水是土壤积盐的因素，也是土壤脱盐的动力。

大气降水及蒸发的季节变化，引起土壤积盐脱盐的季节变化；地表水和地下水不停运动，盐分就沿水平或垂直方向运行；土壤水上下移动，盐分就向上积累或向下淋洗；盐水在土壤里上下运动，土壤就碱化或脱碱化。因此，改良治理盐碱土的关键是认识掌握水盐运动规律，并调节、控制之。

盐碱地的改良，一是在改良对象上，不仅要消除盐碱本身的危害，同时必须兼治与盐碱有关的旱、涝、风、沙、洪、淤、咸（水）、瘦（肥力低）等其他不利因素或灾害，把改良盐碱与改变区域自然面貌和环境结合起来；二是在改良措施上，要采取综合措施，不能单打一或只片面注重某个单项措施，要因地制宜地综合运用多种行之有效的措施；三是在改良目标上，还要把改土与培肥土壤，巩固改土效果结合起来。

我国现阶段改良盐碱土的措施因分类方式的不同，按主导作用分为两大类：一类包括水利改良措施（灌溉、排水、引淤、种稻、防渗等），农业改良措施（平整土地、改良耕作、换客土、施肥、轮作、间作套种等），生物改良措施（种植耐盐植物和牧草、绿肥、植树造林等）和化学改良措施（施用改良物质如石膏、磷石膏、亚硫酸钙、工业废料等）四个方面；另一类是按照改良盐碱的途径，分为排盐与压盐，抑盐与培肥，堵盐与隔盐，躲盐与调盐（调整表土盐分），化学改碱，减轻盐害和利用植物耐盐与抗盐等措施。水利改良措施大多属于排盐、压盐措施。农业改良措施大多属于抑盐、隔盐、躲盐措施，这些措施有利于加速脱盐过程。种植耐盐植物和培肥等属于生物改良措施，其中有的措施能短期控制盐碱向地表聚集，避免植物受害；有的措施还具有长期的改良后效作用（如合理翻淤、盖淤）；种绿肥和耐盐植物措施就是改良与利用的结合。在盐碱逐步减轻的情况下，也是逐步防止次生盐碱化的必要手段，它更是培肥地力的措施。林业改良措施，不仅能改变区域小气候，稳定地面水热运动，减小蒸发，起抑制返盐作用，而且还能做到生物排水，降低地下水位，避免地表返盐，并可解决部分肥料问题，促进土壤培肥。只有脱盐和培肥结合，采取农、林、水各项措施综合治理，才能建立良好的生态系统，彻底改变盐碱地的状况。

探索盐碱地综合治理的新途径

建设和谐社会离不开宜居的生态环境，未来城市的一个主要任务就是发展绿色，把城市建设在绿色中。但全国盐碱地绿化一直是个难题，我国有100多个城市地处盐碱区。

在实施天津滨海新区开发开放的战略中，面临着最突出的一个问题就是如何利用盐碱地进行绿化，改变滨海新区生态的脆弱性。天津滨海新区虽然土地资源较为丰富，但大部分为盐碱地，环境容载量小，绿化成本居高不下。

天津在城市盐碱地园林绿化技术上一直在探索

天津在城市盐碱地园林绿化技术上一直在探索攻关，
1958 年曾提出“变碱地为绿洲”的口号，
在盐碱地绿化上天津园林技术人员借鉴了不少农业方面的治盐技术，
天津土壤改良采用了物理改良水利改良化学改良和生物改良四种方法.

攻关，1958年，曾提出“变碱地为绿洲”的口号。在盐碱地绿化上，天津园林技术人员借鉴了不少农业方面的治盐技术。天津盐碱土壤改良采用了物理改良、水利改良、化学改良和生物改良四种方法。物理改良主要有平整地面、客土抬高地面、微区改土等土层整改方法。水利改良措施主要有蓄淡压盐、灌水洗盐、下部设隔离层和渗管排盐。在大型绿地中采用渗管排盐，暗管把土壤中的盐分随水排走，并将地下水位控制在临界深度以下，达到土壤脱盐和防止次生盐渍化的目的。利用水泥渗漏管或塑料渗漏管，埋地下适宜深度排走溶盐是常用的方法。生物改良方法主要是利用耐盐植物和微生物肥料改良盐碱土。

天津的盐碱土绿化利用更换客土、做隔淋层、做盲管排盐、种植耐盐植物、施盐碱土改良剂等方法，在绿化上取得很好的效果。但这些绿化技术，必须要有大量资金投入作保证，并以大水浇灌和换土为前提。天津水资源和客土资源都十分紧张，因此，急需发展节土、节水型的盐碱地改良新技术。

今日，我们在盐碱地绿化上独辟蹊径，按照适地适树、适地适草的原则，利用盐生植物和垃圾土对盐碱地进行大面积的改良，希望走出一条高效、经济、简便、易行的盐碱地绿化新路。

天津滨海新区浅层地下水位1m左右，矿化度高达4g/L。土壤干旱缺水，土壤含盐量有的高达3%以上，pH值>8，极不利于植物的生长。为此，我们对天津滨海新区盐碱地的改造采用了以生物改良为主，结合物理改良、水利改良、化学改良的综合改良措施。生物改良措施主要是利用盐生植物进行绿化。因此我们对滨海新区的盐生植物进行了全面调查，筛选出120种盐生和耐盐植物，其中专性盐生植物40余种（含聚盐植物、泌盐植物和拒盐植物）。

盐生植物的分类版本较多，各家的分类原则和依据各有不同；盐生植物的名词概念和术语解释较复杂[6,7,8,9]。我们结合天津滨海实际，仍采用普通的分类方法，即把盐生植物定义为能在盐碱地上生长的植物。由于土壤含盐量的差别，把盐碱土分为重盐碱土（土壤含盐量0.6%～3.0%及以上）；中盐碱土（土壤含盐量0.3%～0.6%左右）；轻盐碱土（土壤含盐量0.3%以下）；非盐碱土（土壤含盐量极微或无）。通常把重盐碱地上生长的植物称为专性盐生植物，或称真盐生植物。这类植物体内具有避盐害的特殊结构和适盐的生理活动过程。据此按植物生理特点把真盐生植物分为[6, 8]聚盐植物（叶、茎肉质化，具贮盐水细胞，又名稀盐植物，植物的渗透压一般在40个大气压以上，能在盐分高的土壤中繁茂的生长），典型的聚盐植物如盐地碱蓬、滨藜、盐角草等；泌盐植物（植物体内具盐腺或囊泡，分泌盐分，从而提高了从盐水里吸收水分的能力），典型的泌盐植物如二色补血草、柽柳、大米草等；拒盐植物（植物的根细胞不透盐，或少量盐分贮存在植物下部，不向上输送，又名不透盐植物），典型的拒盐植物如芦苇、田菁、车轴草等。另有一些盐生植物，它们既可生长在中、轻盐碱土中，更能生长在非盐碱土中，这类植物称为耐盐植物，或称兼性盐生植物。一些自然植物经土壤改良或人工驯化后均可成为耐盐植物。不能生长在盐碱土中的植物则称为非盐生植物，这类植物在高等植物界中占绝对优势。

盐生植物的分类，主要是根据植物对土壤盐分浓度的适应性选择，一般都具有形态—生理特征，因此盐生植物对土壤盐的适应度有强弱之别，例如柽柳，认为是一种泌盐植物[6,8,9]，因为它普遍生长在内陆或滨海重盐碱地，归属专性真盐生植物；但它们又能生长在中、轻盐碱地上，甚至非盐碱地上也能生长，因此又称它为兼性耐盐植物。又如芦苇，在任何盐浓度的盐渍土中均能生长，甚至在非盐渍土中或淡水中生长更好，尽管在滨海重盐碱土中可以生长，但它们的根伸得很长很深，直到非盐土或淡水中避盐，故又称它为兼性盐生植物。因此，我们对天津滨海地区的盐生植物的分类，除了根据理论

天津滨海新区重盐渍土绿化，
若栽植常用的园林植物，
必须采取工程、水利措施和更换客土，
成本造价达到100元/m²，
而栽种盐生植物，
不换土，直接在原生盐碱土绿化，
完全可以达到绿化的效果，
成本费用为10元/m²左右，
可见，利用耐盐或盐生植物直接绿化前景广阔

之外，还注意到植物的立地条件和适盐性。天津滨海盐生植物较丰富[12]，据调查约有120种真盐和耐盐植物，约占我国盐生植物种类总数的25%[9]。它们分属于42科，88属，120种。其中有40余种归属于专性盐生植物，适盐度高达3%以上；兼性盐生植物占70%左右，都能忍耐0.3%以上的土壤盐害。它们原本大都是甜土植物，经过长时间的栽培驯化，已成为本地区的耐盐植物。最典型的如白蜡树（毡毛梣），它原产北美洲，原属温带大乔木（非盐生植物）。引种天津已有50多年的历史，现已成为耐寒、耐旱和耐盐碱的优良地方种，广泛生长于天津及滨海新区重盐碱地区，成为主要的绿化树种。可见，专性与兼性两类盐生植物，它们的适盐度与耐盐度都有一定的幅度，常因土壤水分的变化和气候因素的影响而产生波动。

盐碱土改良最重要的方法是生物脱盐[7,8]，即在重盐碱土中栽培各种专性盐生植物，如盐地碱蓬、滨藜等藜科植物，通过聚盐作用，吸取土壤盐分后移出土壤，从而达到降低土壤含盐量的目的；通过泌盐作用，盐分经盐腺分泌排出体外或分泌贮盐细胞中，也能起到土壤脱盐的作用，如柽柳、二色补血草等。还可以引种栽培许多种耐盐植物，构建海防林，兴建滩涂草坪，创建公园绿地等。

在我们的试验区，物理改良主要采用微地形起伏抬高地面、局部改土等方法。水利改良措施主要是在种植示范区三面开辟水面，平整的土地留一定坡度，采用灌水洗盐，把土壤中的盐分随水排走。利用生活垃圾微生物肥料改良盐碱土。微生物有机肥含有多种高效活性菌株，菌株形成芽孢具有耐盐、耐热的特点。有益微生物菌群还具有固氮、解磷、解钾的功能。有益微生物在繁殖过程中产生大量多糖，这些糖类物质是形成土壤团粒的黏结剂，团粒结构使得土壤疏松，切断土壤毛细管孔隙，增加非毛细管孔隙，使得盐碱土加速淋盐作用，抑制了返盐。有益微生物菌群在土壤中代谢产生的有机酸，加速了土壤中难溶性磷酸盐的溶解，对土壤碱性起到了中和作用。此外，垃圾土主要含有大量的有机肥，它能增加土壤的腐殖质，有利于团粒结构的形成，改良盐碱地的通气、透水和养分状况，有机质分解后产生的有机酸还能中和土壤的碱性。在施用垃圾肥料的盐碱地上进行深耕深松，增强保墒抗旱能力，改良土壤的养分状况。

我们开发盐生植物资源，在盐碱地上筛选和种植盐生植物，就是利用盐生植物特有的适应性，摸索出一套实用的节约资源的盐碱地绿化技术，比目前采用的换土和埋盲管等常规工程改良技术节土、节水、省工。通过盐生植物的种植，绿化环境，改善周围环境，改良土壤的结构，增加土壤肥力。

利用盐生植物可以聚盐和泌盐的特性，可以把盐碱地的盐分通过割除植物的方法，把盐分带走，起到和盲管排盐同样的效果。盐生、耐盐植物是盐碱地改良和绿化的先锋植物，在土壤改良后，可再进一步配置或更换其他植物，进一步绿化，这种方法省水、省材和省工。利用盐生植物可以拒盐的特性，在不换土的情况下，进行土地绿化，充分发挥植物本身的作用，既改良了盐碱地土壤，又达到绿化盐碱地的景观效果，做到在改良中利用和在利用中改良盐碱地，使我们走出无客土可换的困境，也是对农田资源的保护。天津滨海新区重盐渍土绿化，若栽植常用的园林植物，必须采取工程、水利措施和更换客土，成本造价达到100元/m^2，而栽种盐生植物，不换土，直接在原生盐碱土绿化，完全可以达到绿化的效果，成本费用为10元/m^2左右，可见，利用耐盐或盐生植物直接绿化前景广阔。

从可持续发展和自然资源开发利用的角度出发，筛选耐盐、盐生植物是滨海新区进行盐碱地改良最具光明前景的经济有效的方法。

专性盐生植物

聚盐植物

泌盐植物

拒盐植物

科　名	蒺藜科 Zygophyllaceae
拉丁名	*Nitraria sibirica* Pall.
英文名	Siberian Nitraria

白　刺

落叶矮生刺灌木，树皮灰白色，小枝有丝状毛。叶簇生、肉质，叶较小，顶端钝圆，有小突尖，被丝状毛。蝎尾状花序，顶生，花小，花径5～6mm，萼片5，花瓣5，雄蕊10～15。子房3室。核果近圆球形，成熟时紫红色，种子1粒。萌芽期4～5月，花期5～6月，果期6～7月，绿期至秋末。生长在土壤含盐量2.5%～3.15%，pH＞8的重盐碱土中，属于真盐生聚盐植物，重盐碱土指示植物。分布我国西北及北部各地。前苏联也有。天津滨海新区重盐碱地、塘沽、汉沽、大港等地均有。供固沙护坡，改良盐碱地，绿化，观赏。果实甜、微酸，可食用；种子可榨油；药用可治肺病、胃病。

枸 杞

别名：枸杞菜、枸杞子

科 名	茄科 Solanaceae
拉丁名	*Lycium chinense* Mill.
英文名	Chinese Wolfberry

落叶灌木。株高1m以上，枝条细长，常弯曲或俯垂，植物体具刺。叶互生或簇生于短枝上，叶片卵形、卵状菱形或卵状披针形，全缘。花萼钟状；花冠漏斗状，淡紫色，5深裂。浆果，卵状或长圆状，红色；种子扁肾脏形，黄色。萌芽期4～5月，花期5～6月，果期7～8月，绿期至秋末。本区野生，并可在盐碱土上栽植。属专性聚盐植物，土壤含盐量2.65%～3.0%，pH＞8.0的盐碱土上生长良好。我国广为分布，常生于山坡、盐碱地和路旁等。分布我国东北、河北、北京、天津、山西、陕西、甘肃及西南、华中、华东各地区。天津滨海新区塘沽、汉沽、大港等地常见栽培。适合于公园、庭园构建墙篱或群栽，供绿化、观赏；果药用，滋肝补肾、益精明目。

近似种宁夏枸杞 *Lycium barbarum* L.，果实大，红色或橙色，果多汁液，甜，无苦味。果药用，滋肝补肾、益精明目。原产我国北部，西北地区。各地引种栽培。

科　　名	藜科 Chenopodiaceae
拉 丁 名	*Salicornia europaea* L.
英 文 名	Marshfire Glasswort

盐　角　草

别名：海蓬子

一年生草本，高10～100cm。茎直立，分枝多，肉质，枝对生，无叶或鳞片状对生，长1.5mm。穗状花序顶生，花两性，花被合生，肉质。雄蕊1，少有2；花柱1。胞果有钩状刺毛。秋后全株变为红色。萌芽期4～5月，花果期6～8月，绿期延至秋末冬初。为典型的聚盐植物，生长在土壤含盐量高达2.5%～3.0%以上，pH7.05～8的盐沼地、盐湖边、海边及滩涂盐碱地。分布于内蒙古、新疆、辽宁、河北、陕西、甘肃、青海。天津滨海新区的塘沽、汉沽、大港盐沼、滩涂重盐碱地有分布。朝鲜、日本、印度、欧洲、北美也有。种子含油，供食用。

盐地碱蓬

别名：黄须菜

科　名	藜科 Chenopodiaceae
拉丁名	*Suaeda salsa* (L.) Pall.
英文名	Saline Seepweed

一年生草本，高20～80cm。茎多基部分枝，直立，圆柱形，常具紫红色条纹。叶线形，肉质，互生，无柄，长0.8～3cm，宽1～2mm，常被粉粒。两性花或兼有雌花。3～5朵簇生叶腋。花被肉质，花被片5，基部合生，基部周围有翅。雄蕊5；花柱2。果实包于花被内。种子细小，长1.2～1.5mm，宽1～1.3mm，黑色。萌芽期4月，花期6～9月；果期7～10月，绿期至秋末冬初。植物初期绿色、油绿色，后变红紫色，地毯式草坪状分布。为典型的专性聚盐肉质植物，生长在土壤含盐量2.5%～3.6%，pH＞8.06的重盐碱地。广布于东北、华北、山东、陕西、江苏，内蒙古。前苏联远东地区也有。天津盛产于滨海新区塘沽、汉沽、大港重盐碱地区，普遍分布。主要供绿化；观赏；改良盐碱地；幼苗做蔬菜，种子含食用油约24%；也可供工业用油；药用；饲料和肥料。

科　名	藜科 Chenopodiaceae
拉丁名	*Suaeda glauca* (Bge.) Bge.
英文名	Common Seepweed

碱　蓬

一年生草本，高30～80(100)cm。茎直立，具细条纹，分枝多。叶线形，肉质，互生，长1～3(5)cm，宽0.7～1.5mm，绿色，光滑。花杂性，呈五角星状。雄蕊5，柱头2。果2形，其一在五角星花被内扁圆形，另一为球形。萌芽期4月，花期6～9月，果期7～10月，绿期至秋末。为典型的专性聚盐肉质植物，生长在土壤含盐量1.5%～3.02%，pH＞8.06的重盐碱地。广布于东北、西北、华北、山东、河南、江苏、浙江、内蒙古。前苏联西伯利亚地区也有。天津盛产滨海新区重盐碱地的塘沽、汉沽、大港地区。主要供绿化、观赏、改良盐碱地；用作榨油，种子含油量25%，可制肥皂、油漆、涂料；嫩叶可食。

地 肤

科 名	藜科 Chenopodiaceae
拉丁名	*Kochia scoparia* (L.) Schrad.
英文名	Belvedere

一年生草本，高 50～150cm。茎直立，有棱和紫红色、绿色条纹，秋季常变成红色，被短柔毛。叶互生，披针形，几无柄，长 2～5cm，宽 3～7mm，无毛。花两性或雌性，生叶腋，花被片 5，基部合生。雄蕊 5；柱头 2。胞果扁。种子横生，扁平。萌芽期 4 月，花期 6～9 月，果期 7～10 月，绿期至秋末。属专性盐生植物，在土壤含盐量 0.5%～2.8%，pH8.03 的强盐碱土上繁茂生长。分布全国。蒙古、前苏联西伯利亚、朝鲜也有。天津滨海新区的塘沽、汉沽、大港等滨海盐碱土上普遍分布。供绿化，改良盐碱地。种子含油量 15%，可食用、药用；嫩叶可食。

碱 地 肤

科名	藜科 Chenopodiaceae
拉丁名	*Kochia scoparia* var.*sieversiana*（Pall.）Ulbr. ex Asche
英文名	Alkali Belvedere

一年生草本，高30～100cm。茎直立，分枝多。叶片披针形，花序密集，腋生。花下有锈色柔毛。萌芽期4～5月，花期6～9月；果期7～10月，绿期至秋末。属专性盐生植物，在土壤含盐量0.5%～2.8%，pH＞8.4的重盐碱地生长茂密。分布我国东北；蒙古、西伯利亚、中亚细亚也有分布。天津滨海新区塘沽、汉沽、大港等地普遍生长。

东亚市藜

科　名	藜科 Chenopodiaceae
拉丁名	*Chenopodium urbicum* L. ssp.*sinicum* Kung et G.L.Chu
英文名	East Asian Goosefoot

一年生草本，高20～120cm，全株无粉。叶片菱形至菱状卵形，长3～8（15）cm，稍厚，两面近同色，边缘有不整齐锯齿，叶柄长2～4cm。两性花兼雄性不育雌花。顶生圆锥花序，花被裂片3～5。胞果，黑褐色。种子横生。萌芽期4～5月，花果期7～10月，绿期至秋末。属专性盐生植物，在土壤含盐量1.5%～3.0%，pH8的滨海强盐碱土上繁茂生长。分布于吉林、辽宁、山东、苏北、内蒙古、山西、陕北、新疆。欧洲也有。天津滨海新区的塘沽、汉沽、大港等重盐碱土上普遍分布。具有观赏、改良盐碱地、饲料等用途。

朝鲜碱茅

科　名	禾本科 Gramineae
拉丁名	*Puccinella chinampoensis* Ohwi
英文名	Fineflowered Alkaligrass

多年生草本，丛生，灰绿色，秆高40～50cm。叶鞘光滑无毛，叶舌干膜质，叶片通常内卷，长3～8cm，宽1～2（3）mm，上面微粗糙，下面光滑。圆锥花序开展，长8～15cm，小穗长3.3～4.2mm，含3～4小花，紫色。颖和外稃质地薄，第一颖比第二颖短，内外稃等长。萌芽期4～5月，花果期5～8月，绿期至秋末。属专性拒盐植物（有的称为泌盐植物），耐盐度高达2.0%～2.5%，pH8.5的滨海盐碱土荒地。分布我国东北、华北；前苏联和蒙古也有。在天津滨海新区塘沽、汉沽、大港地区盐荒地呈丛生长。秆叶可作饲料。

柽 柳

别名：三春柳、红柳、红荆条

科 名	柽柳科 Tamaricaceae
拉丁名	*Tamarix chinensis* Lour.
英文名	Chinese Tamarisk

落叶灌木或小乔木，高2～5m。枝细长，下垂，老枝皮深紫色或紫红色。叶披针形，先端锐尖。叶小，鳞片状，圆柱形或线形，无柄。总状或顶生圆锥花序，花小，萼片4～5；花瓣4～5；雄蕊4～5，少有8～12，离生或基部连合；子房1室；花柱2～5。蒴果。种子小，多数。花开春秋两季，或春季至秋季开放，绿期至初冬。多分布于滨海盐渍土地区和西部荒漠地区，属专性泌盐植物，生态适应范围宽广，对土壤质地要求不严，在滨海盐土含盐量高达3.0%左右的淤泥质滩涂仍生长良好。本种分布于东北、华北至长江中下游，向南至广东、云南。河北、北京、天津普遍生长。在天津滨海新区重盐碱地区分布广泛。柽柳的用途很广，除枝、叶药用，枝条编织外，具有防风、固沙、改良盐碱土、绿化滩涂，并能做篱笆、公园、庭院孤植栽培，供观赏。柽柳自然繁殖能力很强，并可人工扦插繁殖，是滨海盐渍土地区仅有的一种天然木本植物，也是绿化滨海的宝贵材料。

科　名	马鞭草科 Verbenaceae
拉丁名	*Vitex trifolia* L.var.*simplicifolia* Cham.
英文名	Simple-leaf Shrub

单叶蔓荆

别名：蔓荆子

落叶灌木，茎匍匐，小枝四棱形，密生柔毛，茎基部节上有不定根。单叶对生，长2～5cm，宽2～3cm，全缘，密生白色柔毛。圆锥花序顶生，花萼外具白色细绒毛；花冠二唇形，淡紫色；雄蕊4；子房密生腺点；核果球形，径5～7mm。花萼宿存，黑褐色，质硬。萌芽期5～6月，花期7～8月，果期8月。属专性盐生植物，适盐度强，能生长在土壤含盐量0.6%～0.8%，pH7.5～8的滨海盐碱土中。产河北、天津沿海地区，生海滨、湖边、沙滩。分布于辽宁、河北、山东、江苏、安徽、浙江、福建、台湾、广东。日本、印度、缅甸、泰国、越南、马来西亚、澳大利亚、新西兰也有。干果供药用，有镇静和解热作用。

二色补血草

别名：矶松、海蔓荆

科　名	蓝雪科 Plumbaginaceae
拉丁名	*Limonium bicolor* (Bge.) O.Kuntze
英文名	Twocolor Sealavander

多年生草本，高20～70cm。全株光滑无毛。基生叶匙形、倒卵状匙形，全缘。花序轴1～5，有棱角或沟槽；花(1)2～4(6)朵集成小穗，3～5小穗组成穗状花序，再由穗状花序组成圆锥花序。苞片紫红色，花萼白色，宿存；花冠黄色，花5基数。果实具棱。萌芽期4月，花果期5～10月，绿期至初冬。属专性泌盐植物，生长在土壤含盐量3.02%～3.85%，pH8.29的重盐碱地。天津滨海新区塘沽、汉沽、大港等地有分布。花序洁白美观，可作切花或干花材料，持久而不凋落。

近似种中华补血草 *Limonium sinensis*（Girard）O.ktze. 花冠紫色，有时为黄色。

科　名	禾本科 Gramineae
拉丁名	*Spartina alternifolia* Loise.
英文名	Smooth Cordgrass

互花米草

多年生草本，秆高1m以上，最高可达3m以上，茎秆粗壮，直径1cm以上，形似芦苇。根系发达，深30cm左右。地下茎横走。叶片互生，长披针形，叶面光滑具蜡质光泽。叶具盐腺，分泌出白色粉末盐霜。两性花，圆锥花序长20～40cm，由穗形总状花序组成，小穗侧扁。具有性繁殖和无性繁殖，繁殖力很强。萌芽期5月，花果期7～9月，绿期至冬季（北方）。生长在高盐浓度的盐沼、滩涂浅海中。属专性泌盐植物，在土壤、海水含盐量3.0%～4.0%，pH8.3的潮下带及受涨潮时被海水淹没的滩涂均生长良好。本种原产大西洋沿岸。我国在1979年从美国引进，并在全国海岸带迅速推广。同时引入天津，植于滨海新区塘沽海岸、河口地区。米草用于海挡护堤工程，防浪、保滩、护堤具有明显的作用。也可作为饲料、燃料、造纸原料、医药原料等。

大米草

科　名	禾本科 Gramineae
拉丁名	*Spartina anglica* C.H.Hubb.
英文名	Common Cordgrass

多年生草本，秆高40～130cm，茎秆粗壮。根系发达。叶鞘长于节间，叶片互生，长披针形，叶片宽6～15mm，鲜时扁平，干时内卷；具盐腺，分泌出白色粉末盐霜。两性花，由穗形总状花序3～6（12）个组成，小穗侧扁，含1小花，颖及外稃顶端钝，沿主脉上有粗毛。具有性繁殖和无性繁殖，繁殖力强。萌芽期5月，花果期7～9月，绿期至冬季（北方）。生长在高盐浓度的盐沼、滩涂浅海中。属专性泌盐植物，在土壤、海水含盐量3.0%～4.0%，pH8.3的潮下带及受涨潮时被海水淹没的滩涂均生长良好。本种原产欧洲，我国在20世纪60年代，从英国和丹麦引进，并在全国海岸带迅速推广。同时引入天津，植于塘沽海岸、河口地区。用于积淤造田、防浪护滩；还可作饲料、肥料、燃料及造纸原料、医药原料等。

狐米草

科　名	禾本科 Gramineae
拉丁名	*Spartina patens*（Aiton）Muhl.
英文名	Marshhay Cordgrass

多年生草本，株高1m左右，茎秆中空细长坚实。地下根状茎长达30～100cm，叶长4～30cm，叶内卷或基部平展，叶宽1～4mm。穗状花序长2～7（1.5～5）cm，直立向上松散排列，小穗紧密覆瓦状排列，中肋具粗纤毛；第一颖线形具短尖，长2～6mm，第2颖狭披针形，渐尖或几乎为芒状，长7.5～13mm；外稃钝状。地下根茎繁殖或种子繁殖，分蘖旺盛。萌芽期4～5月，花果期6～8月，绿期至冬季。狐米草是一种专性泌盐植物，适盐度高达3.0%以上，我国近年从美国引入，生长在海岸带湿潮盐化土中，土壤含盐量高达2.0%～3.0%，pH8.0的高潮线以上，远离海水的直接浸泡，但可利用咸水浇灌。狐米草原产北美洲，主要分布区为美国东海岸。天津滨海新区塘沽盐碱地区有栽培。供盐碱地绿化；改良盐碱地；作饲料用。

科　名	禾本科 Gramineae
拉丁名	*Aeluropus littoralis* var. *sinensis* Debx.
英文名	Chinese Aeluropus

獐　毛

别名：马亚头、马绊草、小叶芦

多年生草本，根短而坚硬。秆高15～20cm，常有匍匐茎地面生长，茎长达80cm以上，基部有叶鞘，节上生密毛，叶舌短，顶生纤毛。叶硬，干时内卷。圆锥花序穗状，小穗含4～10朵花，第一颖长于第二颖，内稃与外稃等长。萌芽期4～5月，花果期5～8月，绿期可延至初冬。属专性泌盐植物，在含盐量高达2%～3.15%，pH8的潮间带重盐碱土上生长良好。分布于东北、山东、江苏、内蒙古、河南、河北、西北地区。天津滨海新区大港、汉沽、塘沽等地普遍分布。是优良的固沙植物；可栽培为草坪，供观赏；全草入药，能清热、利尿、退黄。

中亚滨藜

科　名	藜科 Chenopodiaceae
拉丁名	*Atriplex centralasiatica* Iljin
英文名	Central Asia Saltbush

一年生草本，高20～60cm，多分枝。叶互生，叶片菱状卵形，戟形，长1.5～5cm，宽1～3cm，边缘有缺刻状锯齿，上面绿色带粉粒，下面苍白色密生白粉。花序腋生；花单性；雄花被5；雌花仅有2合生苞片。胞果卵圆形。种子扁平，棕色，光亮。萌芽期5月，花果期7～9月，绿期至秋末。属专性泌盐植物，在土壤含盐量2.12%～3.0%，pH8.03的滨海强盐碱土上繁茂生长。分布吉林、辽宁、华北、西北和西藏。蒙古、前苏联中亚地区也有。天津滨海新区、塘沽、汉沽、大港等滨海盐碱地上普遍分布。具有观赏、改良盐碱地、药用、饲料等作用。

科　名	藜科 Chenopodiaceae
拉丁名	*Chenopodium album* L.
英文名	Lambsquarters

藜

别名：灰菜

一年生草本，高60～120cm，茎直立粗壮，有棱和紫红色、绿色条纹，光滑无毛。叶互生，有长柄；卵圆状菱形，长3～6cm，宽2.5～5cm，边缘有不整齐锯齿，上面光滑，下面具白粉。花两性，花序腋生或顶生；雄花被5；雌花仅有2合生苞片。胞果卵圆形。种子扁平，棕色，光亮。萌芽期5月，花果期7～9月，绿期至秋末。属专性泌盐植物，在土壤含盐量0.1%～2.0%，pH8.03的滨海强盐碱土上繁茂生长。分布吉林、辽宁、华北、西北和西藏等地。蒙古、前苏联、中亚等地区也有。天津滨海新区塘沽、汉沽、大港等滨海盐碱地上普遍分布。具有观赏、改良盐碱地、饲料等作用；幼叶可食用；种子榨油；药用可止泻痢、止痒。

碱地蒲公英

别名：碱蒲公英、华蒲公英

科名	菊科 Compositae
拉丁名	*Taraxacum sinicum* Kitag.
英文名	Chinese Dandelion

多年生草本，高5～20cm。叶基生，狭披针形，长4～12cm，宽5～18mm，无毛，羽状深裂或浅裂，下倾，全缘，顶裂片大，外裂片具波状牙齿。花莛数个。总苞筒状钟形，长8～12mm，淡绿色。舌状花冠黄色，长10～15mm。瘦果长约3mm，喙短，长4.5mm，冠毛白色，长5～6mm。萌芽期4～5月，花果期7～8月，绿期至秋末。属专性盐生植物，适盐度0.6%～0.8%。pH8.0左右。生于土壤重盐碱草甸或荒地。分布东北、华北、西北、西南。天津滨海新区塘沽、汉沽、大港地区盐生荒地普遍分布。供绿化、观赏、改良盐碱地用。

科　　名	菊科 Compositae
拉 丁 名	*Lactuca tatarica* (L.) C.A.Mey
英 文 名	Tatarica Lettuce

紫花山莴苣

别名：乳苣

多年生草本，高 30～100cm。叶厚带肉质，灰绿色，叶长圆状披针形，边缘有倒向深裂或浅裂，有刺状小齿，叶基半抱茎，上部叶有时全缘，抱茎。头状花序多数，具小花 12～15，总苞紫色，舌状花紫色。瘦果，灰黑色，冠毛白色。萌芽期5月，花果期5～8月，绿期至中秋。属专性盐生植物，适盐度0.6%～0.8%，pH8.0 左右。生于土壤重盐碱草甸或荒地。分布于东北、河北、北京、天津、内蒙古、陕西、甘肃、新疆、河南。天津滨海新区塘沽、汉沽、大港盐碱土荒地野生。花色美丽，供观赏。

沙 枣

别名：银柳、桂香柳

科 名	胡颓子科 Elaeagnaceae
拉丁名	*Elaeagnus angustifolia* L.
英文名	Narrow-leaved Oleaster

落叶乔木或小乔木，高15m。幼枝有银白色鳞片。叶披针形，长2～8cm，宽1～3cm，全缘，两面均有白色鳞片，树冠绿白色。花小，1～3朵腋生，芳香。5月发芽期，花期5～6月，果期8～10月，绿期至秋末。属专性拒盐树种，土壤含盐量0.6%～1.5%，pH8.0。原产西北，分布华北、辽宁、河南、山东及地中海沿岸。前苏联、印度也有。天津市区、滨海新区塘沽、汉沽、大港等重盐碱地区有栽培。为防沙、造林、绿化滨海的盐生树种；适合于在公园、庭院绿地中栽培，供观赏；可作水土保持、造林、建材树种；果实食用，酿酒或做糖；树皮可入药，能清热凉血、收敛；果实具健胃、止泻的功效。

科 名	漆树科 Anacardiaceae
拉丁名	*Rhus typhina* Nutt.
英文名	Staghorn Sumac

火 炬 树

别名：鹿角漆树

落叶小乔木或灌木。高9～10m，树皮灰褐色。奇数羽状复叶，小叶19～31，披针形叶，长4～8cm，宽8～18mm，叶缘有锯齿，叶脉上有毛。圆锥花序，顶生。核果，球形，深红色，有毛。发芽期5月，花期7～8月，果期9～10月，绿期至秋末冬初。属专性拒盐植物，土壤含盐量0.6%～0.8%，pH > 8.0的条件下自然分蘖繁殖。原产北美洲。天津有引种，栽培于公园，秋季变红叶，树形美观。天津滨海新区塘沽、汉沽、大港重盐碱地区常见栽培。耐寒、耐旱、耐盐碱，为绿化和保持水土的观赏植物。供绿化、观赏。

毡毛梣

别名：白蜡树

科 名	木犀科 Oleaceae
拉丁名	*Fraxinus velutina* Torr.
英文名	Felt Ash，White Ash

落叶乔木，高达18m。树皮暗灰色，浅纵裂。小叶3～7枚，常5枚，椭圆形至卵形，长3～8cm，叶缘有圆钝齿，上面亮绿色，下面有柔毛。圆锥花序生于去年老枝上。雌雄异株，花先叶开放。翅果长2～3cm，披针形至长圆状倒卵形，先端微凹。花期4～5月，果期9～10月，绿期至秋末。属专性拒盐植物，在土壤含盐量0.6%左右，pH8.0左右的盐碱土中生长良好。原产美国。天津1952年引种栽培，在天津市区、滨海新区塘沽、汉沽、大港地区广泛种植。常作为行道树、防护林带及公园观赏树。

杜氏毡毛梣*Fraxinus velutina* var.*toumeyi* (Britt.) Rehd. 是毡毛梣的变种，又名津白蜡。主要特点是小叶5～7枚，叶缘中部以上有锯齿，翅与果体等长或稍长。花期4～5月，果期9～10月，绿期至秋末。属专性盐生植物，土壤含盐量0.6%左右，pH 8.0的盐碱土中生长良好。天津市区、滨海新区塘沽、汉沽、大港盐渍土地区普遍种植。

科　名	苦木科 Simaroubaceae
拉丁名	*Ailanthus altissima*（Mill.）Swingle
英文名	Tree of Heaven Ailanthus

臭　椿

别名：樗

落叶大乔木，高达20m。树皮平滑，有灰色斑纹。奇数羽状复叶，互生。小叶13～25或更多，卵状披针叶，长6～12cm，宽2～4.5cm，叶基齿尖有1腺体。花小，多数，杂性花，雌雄异株，顶生圆锥花序。翅果，纺锤形，淡黄褐色，长3～5cm。花期4～5月，果期9～10月，绿期至秋末。属专性拒盐植物，在土壤含盐量0.6%左右，pH8.0的条件下，自然繁殖，实生苗生长，树形优美。原产热带至温带亚洲。中国各地有分布。天津广泛栽培，滨海新区塘沽、汉沽、大港盐碱地区也有栽培。臭椿用途广泛，多用于行道树，公园绿地孤植或群植供绿化、观赏。木材可制家具、作建材；皮、果实入药，可作农药、杀虫剂。

杜 梨

别名：棠梨、土梨、灰梨

科 名	蔷薇科 Rosaceae
拉丁名	*Pyrus betulaefolia* Bge.
英文名	Birch-Leaf Pear

落叶乔木，高10m以上，枝有刺。树皮紫褐色。叶片菱状长圆形，长4～8cm，宽2.5～3.5cm，叶缘有粗锯齿，下面微被绒毛。伞形花序，有花10～15朵，花瓣白色；花柱2～3。果实小，近球形，直径5～10mm，褐色，有淡色斑点。花期4～5月，果期8～9月，绿期至秋末。属专性拒盐植物，土壤含盐量0.6%左右，pH＜8.0。耐旱、耐寒、耐盐碱。主产中国方北，分布广泛。天津滨海新区塘沽、大港地区，重盐碱地有栽培。适合于公园、庭院孤植栽培，供观赏。可长成大树，作绿化树种；还可供砧木用。

科　名	夹竹桃科 Apocynaceae
拉丁名	*Apocynum venetum* Linn.
英文名	Dogbane, Indian Hemp

罗 布 麻

别名：红麻、茶叶花

多年生草本或半灌木，有乳汁。叶对生，椭圆状披针形，先端急尖，具短尖头，基部尖或钝，叶缘有细锯齿，无毛。叶柄间有腺体。花小，紫红或粉红色，圆锥状聚伞花序，顶生或腋生；花萼5深裂；花筒钟形，花冠裂片5；雄蕊5；子房2离生，花柱短，2裂。蓇葖果长角形。种子褐色。萌芽期4～5月，花期6～7月，果期8月，绿期至秋末。属专性拒盐植物，在土壤含盐量0.6%～1.0%，pH8.02的重盐碱土中自然繁殖。产我国西北地区。天津滨海新区的塘沽、大港等地普遍生长。供绿化、观赏；药用可降血压，茎皮为纤维、纸浆原料。

紫 穗 槐

别名：穗花槐

科　名	豆科 Leguminosae
拉丁名	*Amorpha fruticosa* Linn.
英文名	Indigobush Amorpha

落叶灌木，高1～4m。奇数羽状复叶，小叶9～25，披针状椭圆形，长1.5～4cm，宽1～2cm，全缘，有透明的腺点。花紫蓝色，成顶生圆锥状总状花序，长7～15cm；蝶形花冠仅有旗瓣。雄蕊10，单体；2胚珠。荚果扁平，仅含1粒种子，不开裂，果皮上有腺点。5月发芽，花期5～6月，果期8～10月，绿期至秋末。本种属专性拒盐植物，在土壤含盐量0.6%～1.0%，pH8.0的条件下可自然繁殖。原产美国。天津有引种栽培。天津滨海新区塘沽、汉沽、大港盐渍土地区分布广泛。本种用途广泛，常作固沙、防风林下层灌木。叶和嫩枝作绿肥；种子油可作油漆、甘油、润滑油等。

科 名	紫草科 Boraginaceae
拉丁名	*Messerschmidia sibirica* L.ssp. *angustior* (DC.) Kitag.
英文名	Narrow Siberian Messerschmidia

砂引草

多年生草本，根茎细长。茎高30cm，分枝，密生白色柔毛。叶披针形，长1.2～4.5cm，宽1～11mm，两面伏生柔毛，花序顶生，花有白柔毛，萼5深裂，花冠白色，漏斗状5裂，有柔毛。果椭圆形有纵棱 。萌芽期4～5月，花期5～6月，果期6月，绿期至秋末。属专性拒盐植物，在土壤含盐量0.6%～1.5%，pH8.2的沙性重盐碱地野生。分布东北、华北、山东、河南。前苏联西伯利亚地区也有。天津滨海新区盐碱土沙地呈片状生长。供绿化、观赏。还可作固沙护土植物用。

虎尾草

别名：盘草、棒槌草、刷子头

科　名	禾本科 Gramineae
拉丁名	*Chloris virgata* Swartz
英文名	Showy Chloris

一年生丛生草本，秆高20～60cm。叶鞘光滑无毛，最上的叶鞘常包有花序，肿胀成棒锤状。叶舌具小纤毛。叶片长5～25cm，宽3～6mm。穗状花序长3～5cm，呈指状排列，小穗长3～4mm。第一颖比第二颖短，芒长0.5～1.5mm，内稃稍短于外稃；颖果长约2mm。萌芽期4～5月，花期6～7月，果期8～9月，绿期至夏末秋初。本种属专性拒盐植物，生于土壤含盐量0.6%～1.6%，pH＜8的干旱盐生荒地盐碱土上。分布我国南北各地。在天津滨海新区塘沽、汉沽、大港地区盐荒地成片生长，为常见的禾草型盐生荒地杂草。可作饲料。

白茅

别名：茅草、茅根、茅针

科　名	禾本科 Gramineae
拉丁名	*Imperata cylindrica* var. *major* (Nees) C.E.Hubb.
英文名	Lalang Grass

多年生草本，根状茎细长横生，密被鳞片。秆直立，高25～80cm，具2～3节，节上柔毛长4～10mm。叶生基部，叶鞘无毛或鞘口处有纤毛，叶舌干膜质，长1mm。叶片长5～60cm，宽2～8mm。顶生圆锥花序圆柱状，长5～20cm，宽1.5～3cm；小穗披针形，长3～4mm。两颖等长或第一颖稍短，第二颖较宽，内外稃约等长。雄蕊2；柱头2，深紫色。萌芽期5～6月，花果期7～8月，绿期至初冬。属专性拒盐植物，在土壤含盐量0.6%～1.5%，pH＜8.0的重盐碱荒地上普遍生长。全国有分布。天津郊区、滨海新区盐碱地区野生，分布广泛。是农田中常见杂草，可作为绿化、保堤固沙植物。根状茎含果糖、葡萄糖，味甜可食。根、花药用，即中药茅根，作清凉利尿剂；茎、叶可作饲料和造纸原料。

科 名	豆科 Leguminosae
拉丁名	*Sesbania cannabina* (Retz.) Poir.
英文名	Common Sesbania

田 菁

一年生亚灌木状草本。株高约1m。嫩枝上有柔毛。偶数羽状复叶，长15～25cm，小叶20对以上，条状长圆形，长12～16mm，宽约3mm，全缘，先端钝，基部偏斜。总状花序腋生，花萼钟状，花冠黄色，旗瓣扁圆形，有紫色斑点。荚果，条状圆柱形，绿褐色，下垂。种子多数，长圆形，黑褐色。萌芽期4月，花期8～9月，果期9～10月，绿期至秋末。属专性拒盐植物，在土壤含盐量0.6%～1.0%，pH8.0的重盐碱土中生长良好。天津滨海新区的塘沽、汉沽、大港等地均可引种栽培。用途广泛，供绿化、观赏；改良盐碱地；根瘤菌丰富，可提高土壤肥力；也作饲料植物。

蜀 葵

别名：熟季花、端午花

科 名	锦葵科 Malvaceae
拉丁名	*Althaea rosea* (Linn.) Cavan.
英文名	Hollyhock

二年生草本，高达2m。全株被毛。叶圆形，3～5浅裂或边缘波状，直径6～15cm。花单生、腋生，常顶生总状花序。花大，有红、紫、粉红、黄和紫黑色等，单瓣或重瓣。雄蕊柱长2cm。分果。花、果期6～9月。属专性拒盐植物，在土壤含盐量0.6%～0.8%，pH8的盐碱土中生长良好。原产中国。欧美及亚洲各国广泛栽培。我国各地普遍生长，北京、天津、河北均有，天津滨海新区常见或逸为野生。花色艳丽，品种很多，供观赏。花、种子及根、皮入药。

科　名	菊科 Compositae
拉丁名	*Tripolium vulgare* Nees
英文名	Seastarwort

碱　菀

别名：金盏菜

一年生草本。茎直立，高80cm，单生或丛生，下部紫红色，无毛，上部有分枝。叶互生，无毛，肉质，下部叶长圆形或披针形，中部叶线形或线状披针形，上部叶小，苞片状。头状花序在茎顶排列成伞房状。总苞钟状带紫红色，肉质，无毛。舌状花序1层，蓝紫色，舌片长10～15mm，宽2mm；管状花序黄色，顶端5裂。瘦果狭长圆形，冠毛多层，白色或淡红色。萌芽期5月，花果期8～10月，秋末枯萎。属专性拒盐植物，适盐度高达0.6%～2.4%，pH8.0。生长于海水边、盐沼或湿潮重盐碱地。分布于新疆、河北、内蒙古、甘肃、山西、辽宁、吉林、山东、江苏、浙江；朝鲜、日本、前苏联、非洲、北美洲也有。天津盛产于滨海新区塘沽、汉沽、大港地区盐沼地、咸水边及低洼潮湿盐碱地。

丝 兰

科 名	百合科 Liliaceae
拉丁名	*Yucca smalliana* Fern.
英文名	Adam´s Needle

常绿木本植物。植物体的茎短或不明显。叶近莲座状簇生，坚硬，近剑形或线状披针形，叶的先端具硬刺，叶的边缘具有许多稍弯曲的丝状纤维。花莛高大而粗壮；花乳白色，下垂，排成圆锥花序，花序轴具乳突状毛。蒴果，开裂，长约5cm。花期6～8月，果期9～10月。属专性盐生植物，在土壤含盐量0.6%左右，pH＜8.0的盐碱土中正常生长，并保持冬季不枯。原产于北美东北部。天津滨海新区塘沽、汉沽、大港地区常见栽培。供观赏。

科　名	百合科 Liliaceae
拉丁名	*Yucca gloriosa* L.
英文名	Spanish Dagger

凤尾兰

别名：凤尾丝兰、华丽丝兰

常绿木本植物。植物体的茎长，叶质硬，叶边缘无纤维丝或老时带有少许。花被片顶带紫红色。蒴果不开裂。花期6～8月，果期9～10月。属专性盐生植物，在土壤含盐量1.0%，pH < 8.0的盐碱地中正常生长。原产于北美东北部。天津市区、滨海新区塘沽、汉沽、大港地区常见栽培。供观赏。

白车轴草

别名：白三叶、荷兰翘摇

科名	豆科 Leguminosae
拉丁名	*Trifolium repens* Linn.
英文名	White Clover

多年生匍匐草本。茎长30～60cm，无毛。掌状复叶，小叶3枚，下面有毛，边缘有细锯齿。头状花序，花冠白色或粉红色，旗瓣椭圆形。荚果倒卵状椭圆形，包于宿存的萼筒内。花果期5～10月，绿期至秋末。属专性拒盐植物，可忍受土壤含盐量0.6%左右，pH＜8.0，可在天津盐碱地种植。原产欧洲。我国东北、华北、华东、西南均有栽培。天津滨海新区盐碱地引种作地被。供绿化、观赏，并有改良盐碱土、保持水土的作用。

科　名	禾本科 Gramineae
拉丁名	*Phragmites communis* Trin.
英文名	Common Reed

芦　苇

别名：芦、苇子、葭

多年生大草本，高0.5～2.5m。根状茎横走。秆直立，直径2～10mm。叶鞘圆筒形；叶舌有毛；叶片长15～45cm，宽1～3.5cm。圆锥花序顶生，长10～40cm，稍下垂，小穗含4～7花；第一颖比第二颖短；第一花通常为雄性，外稃长于内稃；第二外稃比内稃长，具6～12mm长的柔毛。颖果长圆形。花果期7～11月，绿期可延至初冬。生长在盐碱地地区的芦苇，属于专性拒盐植物，它们的地下根茎很长，可伸长到无盐害的地方。分布全国各温带地区，为世界广布种。天津广为分布，生态适应范围宽广，从平原水域到滨海滩涂，土壤含盐量2.8%的轻、重盐碱地或盐沼地盛产芦苇，形成大面积的芦苇湿地。芦苇的用途非常广泛，如造纸、制人造棉和人造丝，编织苇席；全株均可入药，芦根清热生津、止呕、利尿；茎秆清热排脓；叶能清肺止呕、止血、解毒。根含淀粉、蛋白质；是优良的固沙固堤植物、又是优良的饲料植物。

芦竹

科名	禾本科 Gramineae
拉丁名	*Arundo donax* L.
英文名	Giantreed

多年生高草草本植物，具多节的根状茎。秆粗壮，高2～6m。叶长，扁平，宽2～5cm。密圆锥花序，长30～60cm；小穗含2～4小花，颖披针形，外稃具短芒，其背面下部有短柔毛，内稃短于外稃。萌芽期4～5月，花期7～8月，果期9月。属专性盐生植物，能生长在土壤含盐量0.6%～1.0%，pH7.5～8的滨海盐碱地中。分布江苏、浙江、湖南、华南、西南等地区。天津东部滨海新区的塘沽、汉沽等地有栽培。多生长在水沟、渠、河边，是优良的护堤植物；可用于造纸和建材。

科　名	香蒲科 Typhaceae
拉丁名	*Typha angustifolia* L.
英文名	Narrowleaf Cattail

狭叶香蒲

别名：水烛、蒲草、蒲花

多年生沼生草本，高1.5～3m。叶狭长形，宽5～8mm，穗状花序圆柱形，长30～60cm，雌雄花序不连接；雄花序在上，长20～30cm，雄蕊2～3枚；雌花序在下，长10～30cm，成熟时直径10～25mm。小坚果无沟。花期6～7月，果期8～10月。能在半咸水水塘、沟渠中生长。分布我国大部分地区；欧洲、北美、大洋洲及亚洲北部也有。天津、滨海地区水边、池塘中自然生长。供观赏。花粉药用。

其它常见的还有拉氏香蒲 *Typha laxmanni* Lepech。主要的区别是本种矮小，仅0.6～1.6m高，叶宽2～4mm，雌花序长1～7.5cm，雌花无小苞片。

水葱

科　名	莎草科 Cyperaceae
拉丁名	*Scirpus validus* Vahl
英文名	Softstem Bulrush

多年生草本，挺水植物。具匍匐根状茎。秆高1～2m，圆柱形，平滑，叶鞘管状，膜质，最上一个叶鞘有叶片。叶片线形，长1.5～11cm。苞片1，为秆的延长。花序有4～13或更多的辐射枝；小穗单生或2～3个簇生；花多数；下位刚毛6，与小坚果等长，棕红色；雄蕊3；柱头2，有时3；小坚果倒卵形，双凸状，长2mm。花、果期6～9月，绿期可延至初冬。能在半咸水水塘、沟渠中生长。分布全国各地。天津滨海新区各地，湖边或浅水池塘，常与芦苇混交生长。朝鲜、日本、欧洲、美洲、大洋洲也有。常用于水塘、湿地绿化；秆可编织。

科　名	睡莲科 Nymphaeaceae
拉丁名	*Nelumbo nucifera* Gaertn.
英文名	Hindu Lotus

莲

别名：莲花、荷花

多年生水生草本。根状茎（藕）横生，肥厚，节间膨大，内有多数纵行通气孔道，藕节缢缩，生须状不定根。叶漂浮或伸出水面，圆形，直径25～90cm，叶缘波状，上面深绿色，光滑，下面淡绿色。花单生，萼片4～5，小型，早落。花瓣多数，红色、粉红色或白色。雄蕊多数，药隔具附属物。心皮多数离生，着生于花托穴内。花期6～9月，果期8～10月，绿期至秋末。可生长在半咸淡水池中。原产大洋洲及亚洲热带（印度），我国普遍栽培。品种甚多，用途甚广。花大、美丽、清香，我国普遍栽培供观赏、食用和药用。在天津滨海地区半咸淡水池中生长良好。

荇 菜

别名：金莲子、莲叶荇菜

科 名	龙胆科 Gentianaceae
拉丁名	*Nymphoides peltatum* (S.G.Gmel.) Cuntze
英文名	Shield Floatingheart

多年生水生草本，浮叶根生，地下茎横走。叶对生或互生，近圆形，直径2～7cm，基部深心形，上面绿色，下面密生紫褐色小腺点；叶柄基部抱茎。花序伞形状簇生叶腋；花梗长，具腺点；萼片披针形，有褐紫色腺点；花冠黄色，喉部具毛，裂片边缘具齿状毛；雄蕊5，密被白色长柔毛。蒴果椭圆形；种子扁椭圆形，边缘有翅，褐色。花、果期7～9月。能在半咸水水塘、沟渠中生长。分布北半球池塘、湖泊中。天津滨海池沼中也有生长。全草入药，能发汗、透疹、清热、利尿。

兼性盐生植物

中度耐盐植物

轻度耐盐植物

枣

别名：枣树、红枣

科　名	鼠李科 Rhamnaceae
拉丁名	*Ziziphus jujuba* Mill.
英文名	Common Jujubetree

落叶乔木。高2～10m。树皮褐色或灰褐色，有长短枝之分；新枝变曲呈"之"字形；有二托叶刺，一直一弯，长刺达3cm，短刺下弯，长4～6mm。当年单叶簇生于短枝上，叶卵状椭圆形，基生三出脉。花瓣5，基部有爪。子房上位与花盘合生。核果长圆形，红色，后变紫红色。花期5～7月，果期8～9月。绿期至初冬。耐盐果树，属兼性中度耐盐植物，在土壤含盐量0.3%～0.6%，pH8.0的天津滨海新区塘沽、汉沽、大港等盐碱地区分布广泛。原产中国，全国各地有栽培。公园引种、庭院观赏树种。变种、品种多，常见的有野生种酸枣 *Ziziphus jujuba* var. *spinosa*。近期培育出冬枣，果实硕大，味甜。枣的用途非常广泛，可加工为各种食品；枣又供药用，有养胃、健脾、益血、滋补、强身之效；枣仁镇静、安神；花为蜜源植物；供绿化，观赏。

科　名	豆科 Leguminosae
拉丁名	*Albizia julibrissin* Durazz.
英文名	Silk Tree

合　欢

别名：绒花树、马缨花、萻花树

落叶乔木，高 4～10m。树皮浅灰色，小枝褐色，疏生皮孔。叶二回羽状复叶，羽片 4～12 对，小叶 10～30 对，镰刀形，长6～12mm，宽 1～4mm，中脉侧生。头状花序多数，顶生，呈散扇状排列 。花粉红色，雄蕊长 2.5～5mm，多数，花丝基部结合。花柱丝状与花丝等长，粉红色。荚果，种子 10 余粒。花期 6～7 月，果期 8～10 月，绿期至秋末。属兼性耐盐树种，可忍受土壤含盐量 0.3%～0.4%，pH＜8.0。主要分布在辽宁、华东、河南、陕西。日本、印度、伊朗也有。树冠伞形，花红色艳丽，是名贵的庭园、公园观赏树。天津市区普遍孤植栽培于庭院、公园。供绿化，观赏；树皮、花蕾入药。天津滨海新区塘沽、汉沽、大港地区，作行道树栽培。

日本皂荚

别名：山皂荚

科　名	豆科 Leguminosae
拉丁名	*Gleditsia japonica* Miq.
英文名	Japanese Honeylocust

落叶乔木，高6～15m，树干上有许多粗壮分枝的锐利枝刺，枝长5～10cm。皮绿褐色，有明显的皮孔。一回偶数羽状复叶，老枝叶二回，3～4叶丛生；有小叶16～22，长椭圆形，长1～4cm，宽8～15cm，全缘无毛。雌雄异株，雄花黄绿色；雄蕊8；柱头1。荚果带状，扭曲，长20～30cm。花期5月，果期10月，绿期至秋末。属兼性中度耐盐植物，在含盐量0.3%～0.4%，pH＜8.0的滨海盐碱土中生长良好。分布于北京、天津、辽宁、山东、河南、河北、江苏、安徽、浙江等地。天津滨海新区盐碱地区公园、庭院均有栽培，供观赏；种子入药；木材坚硬可作器具，荚果可代替肥皂用。

科　名	豆科 Leguminosae
拉丁名	*Robinia pseudoacacia* L.
英文名	Yellow Locust

刺　槐

别名：洋槐

落叶乔木，高10～25m。树皮褐色有深裂沟，小枝有托叶刺。小叶7～25，椭圆或卵形，长2～5cm，宽1～2cm，先端有小尖头，全缘，无毛或幼时有疏短毛。总状花序腋生，长10～20cm。花白色，芳香，旗瓣有爪，基部有黄色斑点。荚果扁平，线状长圆形，红褐色，无毛。种子3～13粒，黑色，肾形。花期4～5月，果期9～11月，绿期至秋末。属兼性中度耐盐植物，耐旱、耐寒、耐盐碱，土壤含盐量0.3%～0.5%，pH＜8.0。原产北美，分布广泛。我国各地普遍栽培。天津滨海新区塘沽、汉沽、大港等重盐碱地区，经土壤改良后均能栽培。北方多作行道树、防护林、薪炭林、绿化造林。其它用途广泛，如木材可制家具、木器；叶作饲料；花可食；种子含油约12%，可制肥料、油漆。

毛刺槐

别名：无刺槐、江南槐

科　名	豆科 Leguminosae
拉丁名	*Robinia hispida* L.
英文名	Hispid Locust

落叶乔木，高8m。总花梗及叶柄上有刚毛。小叶7～13，近圆或长圆形，长2～4cm，宽2～3cm，全缘，两面无毛。花玫瑰紫色或淡紫色，长2～5cm。常2～7朵花成腋生总状花序。荚果5～8cm，具腺状刚毛。花期7～8月，果期9～10月。属兼性中度耐盐植物，在土壤含盐量0.3%～0.4%，pH＜8.0的滨海盐碱土中生长良好。本种原产美洲。北京、天津、河北常有栽培。嫁接繁殖。天津公园、庭院绿地孤植或群植，供观赏。

科　名	豆科 Leguminosae
拉丁名	*Sophora japonica* Linn.
英文名	Chinese Pagoda-tree

槐　树

别名：槐、国槐

落叶乔木，高15～25m。奇数羽状复叶，长15～25cm。小叶7～17，卵状椭圆形，长2.5～7.5cm，宽1.2～3cm。顶生圆锥花序，花黄白色，旗瓣有紫脉；雄蕊10。荚果念珠状，肉质，长2.5～5cm，先端有细尖喙状物。种子1～6，肾形，黑褐色。花期7～8月，果期10月，绿期至秋末冬初。属兼性中度耐盐植物，耐盐能力强，在土壤含盐量0.4%～0.5%，pH＜8.0的盐碱土中均能生长。槐树原产中国，分布各地，北京、天津、河北普遍栽培。日本、朝鲜和越南也有。天津滨海新区塘沽、汉沽、大港盐碱土地区均有栽培，分布广泛。树形优美、古雅，寿命长，主要栽培于庙宇、公园、庭院，也作行道树绿化树种。近代栽培变种、变型很多，供观赏 。其它用途广泛，花为蜜源；黄色染料；根皮、枝、叶、花均可入药，花蕾含芦丁，中药称槐米，能凉血止血，治高血压病；槐角果能凉血止血；种子含油11%；木材用于建筑和制家具。

龙爪槐

科　名	豆科 Leguminosae
拉丁名	*Sophora japonica* L.f. *pendula* Hort.
英文名	Pendent Japanese Pagodatree

龙爪槐是槐树的园艺栽培变型，花、果、叶与原种形态相似，区别在于粗枝扭转斜向上升，小枝下垂，树冠伞形。花数稀少，花期7～8月，果期10月，绿期至秋末冬初。属兼性中度耐盐植物，在土壤含盐量0.3%～0.4%，pH＜8.0的盐碱土中均能生长。华北地区庭院观赏树。天津滨海新区盐碱土地区公园、庭院有栽培，嫁接繁殖，供观赏。

科　名	松科 Pinaceae
拉丁名	*Pinus thunbergii* Parl.
英文名	Japanese Black Pine

黑　松

别名：日本黑松

常绿乔木，高达25m，树皮灰褐色。针叶线形，2针1束，长10～15cm，叶内树脂道中生，冬芽银白色，球果长4～6cm。本种多栽培，生长在北方沿海各地，青岛、北戴河常见栽培。土壤粉沙质，属兼性耐盐植物，土壤含盐量0.3%～0.4%，pH＜8.0。天津滨海新区改良盐碱土中偶见栽培。作绿化树种供观赏。

旱　柳

别名：柳树、汉宫柳

科　名	杨柳科 Salicaceae
拉丁名	*Salix matsudana* Koidz.
英文名	Hankow Willow

落叶乔木。树高可达20m，胸径可达1m。树皮粗糙深裂、暗灰黑色。叶披针形，长5～10cm，宽1～1.5cm，先端渐长，边缘有细锯齿，上面绿色有光泽，下面灰绿白色。雄蕊2个，腺体2个；柱头2裂，腺体2个。种子极小，有极细的丝状种子毛。花期3～4月，果期4～5月，先花后叶，绿期至秋末。属兼性中度耐盐植物，土壤含盐量0.3%～0.4%，pH＜8.0。原产我国，北方主要绿化树种，分布广泛，除华南之外，全国各地均有。北京、天津、河北平原普遍栽培。用途广泛，常作防护林、建材、家具、纸浆、蜜源等；根、皮可入药，主治急性膀胱炎、小便不利、关节炎、牙痛等。

科　名	杨柳科 Salicaceae
拉丁名	*Salix matsudana* f. *pendula* Schneider
英文名	Pendulous Hankow Willow

绦　柳

别名：垂旱柳

为旱柳的变型。落叶大乔木。小枝细长而下垂，与垂柳 *Salix babylonica* 相似，其区别为雌花有2个腺体，垂柳只有1个腺体。花期3～4月，果期4～5月，先花后叶，绿期至秋末。属兼性耐盐植物，土壤含盐量0.4%～0.5%，pH＜8.0。分布东北、华北和西北地区。北京、天津、河北广泛栽培。天津滨海新区塘沽、汉沽、大港地区盐碱土上引种栽培，分布广泛。常作防护林、建材、纸浆、蜜源；根、皮可入药。喜水渠、沟边生长。

新疆杨

科　名	杨柳科 Salicaceae
拉丁名	*Populus alba* L.var. *pyramidalis* Bge.
英文名	Xinjiang Poplar

落叶乔木。高可达30m，树冠窄圆柱形或尖塔形。树皮白或青灰色，光滑少裂，树干基部常纵裂。萌条和长枝叶掌状3～7深裂，基部平截，上面光滑，下面密被白色绒毛；短枝叶圆形，有粗缺齿，基部平截，下面绿色几无毛，上面深绿色。仅见雄株，雄蕊6～8枚，花药红色，具腺体2或无。花期4～5月，绿期至秋末。分根或扦插繁殖。本种耐盐度可达0.4%。主要分布在新疆，我国北方常见引种栽培。天津市公园、庭院有栽培，供绿化、观赏。滨海新区盐碱地经土壤改良后可栽培。本种木材用于建筑、制家具；防风固沙；绿化造林。

科　　名	杨柳科 Salicaceae
拉 丁 名	*Populus canadensis* Moench
英 文 名	Canada Poplar

加拿大杨

别名：加杨

落叶高大乔木，树皮灰褐色带黑色，有纵沟裂口，树皮粗厚。叶三角形卵圆状，长7～10cm，宽6～8cm，边缘半透明，有圆齿，无毛。叶柄扁而长，无毛，带红色。花期3月，果期4月，先花后叶，绿期至秋末。属兼性耐盐植物，在土壤含盐量0.4%，pH＜8.0的轻、中度盐碱土中生长良好。原产北美洲东部，约20世纪初引种到我国。分布于东北、华北、西北各地；北京、天津、河北平原多栽培。天津滨海新区塘沽、汉沽、大港地区引种栽培，分布广泛。作建材、造纸、人造纤维；防护林树种，供绿化、观赏等。

毛白杨

别名：响杨

科　名	杨柳科 Salicaceae
拉丁名	*Populus tomentosa* Carr.
英文名	Chinese White Poplar

落叶乔木，树高30m左右，胸径可达1m。幼树树皮灰绿色，不开裂，皮孔菱形；老树干基部灰褐色或黑褐色，纵裂。枝痕较大，纺锤形。长枝上的叶三角状卵圆形，长15～20cm，叶先端尖，心形，上面绿色，下面灰绿色，被白绒毛；短枝上的叶三角状卵形，长5～12cm，下面光滑无毛。扁形叶柄。苞片密生绒毛。雌雄异株，柔荑花序，无花被，花先叶开放。蒴果。种子细小，具白绵毛。属兼性耐盐植物，在含盐量0.4%，pH＜8.0的轻、中度盐碱土条件下引种栽培，扦插繁殖。本种分布广，黄河中下游地区最多。辽宁、内蒙古、甘肃、宁夏及长江流域均有分布。北京、天津、河北广泛栽培。天津滨海新区、塘沽、汉沽、大港地区，改良盐碱土上多作行道树或田园绿化树，或防护林。可做建材、家具、纸浆。

科　名	楝科 Meliaceae
拉丁名	*Melia azedarach* L.
英文名	Chinaberry tree

楝　树

别名：苦楝、楝果子、楝枣子

落叶乔木，高15～20m；树皮纵裂。叶2～3回奇数羽状复叶，互生，长20～40cm；小叶椭圆形，先端尖，长3～7cm，宽2～3cm，边缘有钝锯齿，基部稍偏斜。圆锥花序腋生；花紫色或淡紫色；花萼5；花瓣5，倒披针形；雄蕊10，花丝合生成筒。核果近球形，径1.5～2cm，4～5室，淡黄色；每室种子1粒。花期4～5月，果期9～10月，绿期至秋末。兼性耐盐植物，在土壤含盐量0.3%～0.4%，pH＜8.0的盐碱土中生长良好。原产我国亚热带，普遍分布于黄河以南。印度、缅甸也有。天津市区及滨海新区盐碱土公园、庭院中引种栽培供观赏。木材可制家具；种子榨油；花含芳香油；树皮、叶、果入药，能驱虫、止痛。

榆

别名：家榆、白榆、榆树

科　名	榆科 Ulmaceae
拉丁名	*Ulmus pumila* L.
英文名	Siberian Elm

落叶大乔木，树高15m以上。树皮暗灰褐色，粗糙，纵裂。叶椭圆状卵形，长2～9cm，宽1～3.5cm，两边近对称，边缘为单锯齿，侧脉9～16对，两面无毛或脉腋有毛。花在春季先叶开放。聚伞花序生去年枝上，翅果长1～1.5cm，种子位于翅的中上部。花期3月，果期4月，绿期长达8个月。属兼性耐盐植物，适应含盐量0.4%～0.5%中度盐碱地，pH＜8的土壤环境。天津滨海盐碱土地区常有栽培，耐盐能力较强。主要分布在我国北方，南方也有栽培。朝鲜、前苏联和日本也有。榆树多作庭院、道旁绿化树种，还可做建材，家具、造纸、编织。树皮可提取淀粉；嫩果、幼叶可食用或作饲料。种子榨油，含油量18.1%，果、皮、叶供药用，治神经衰弱、失眠、小便不利、肢体浮肿。

科 名	柏科 Cupressaceae
拉丁名	*Sabina chinensis*（L.）Ant.´Kaizuca´
英文名	Dragon Juniper

龙 柏

别名：龙爪柏

常绿乔木，属圆柏的栽培变种。树冠塔形，枝条端梢扭转上升。鳞叶，翠绿色。以侧柏为砧木嫁接繁殖。花期5～6月，种子8～10月，四季常青。属盐生耐盐植物，在土壤含盐量0.3%～0.4%，pH＜8的中度盐碱土中生长良好。分布全国。北京、天津、河北普遍栽培。天津滨海新区轻、中度盐碱地有栽培。树形美观，常作园林绿化观赏植物。

偃柏

别名：爬地柏、偃桧

科名	柏科 Cupressaceae
拉丁名	*Sabina chinensis* var. *sargentii* (Henry) Cheng et L.K.Fu
英文名	Prostrate Chinese Juniper

常绿匍匐灌木，属圆柏的一变种，主要特点是枝条匍匐状，小枝上升成密丛状；叶常为鳞叶、刺叶交互对生，具白色气孔带；球果蓝色。花期5～6月，种子翌年10月成熟，四季常青。属兼性耐盐植物，土壤含盐量0.4%以下，pH＜8.0的盐碱土中生长良好。分布全国。供绿化，观赏。天津滨海塘沽、汉沽、大港地区改良盐碱土上可栽培。因匍匐地面生长，能保持水土，改良盐碱地。

科 名	桑科 Moraceae
拉 丁 名	*Ficus carica* L.
英 文 名	Fig

无 花 果

落叶小乔木或灌木，高1～4m，萌发枝多。树皮暗褐色，皮孔明显。叶近革质，宽卵形或近圆形，长、宽相等，10～20cm，3～5裂，掌状脉明显，上面粗糙，下面被柔毛，边缘具浅圆齿。隐头花序生叶腋，雄花与瘿花同生于一花托内，雌花生另一花托中。隐花果梨形，长5～6cm，直径3～4cm，肉质，绿色或紫褐色。花期4～6月，果期7～10月，绿期至秋末。属兼性耐盐植物，耐盐能力强，适应于含盐量0.4%～0.5%，pH < 8.0的盐碱地。原产地中海。我国南北普遍栽培。适合在天津滨海新区塘沽、汉沽、大港地区的盐碱土上引种栽培，分布广泛。可在公园绿地孤植或群植，供观赏；果可食，制罐头、果酱、蜜饯；滋补、助消化；清热润肠；根解毒消肿。

金叶女贞

科 名	木犀科 Oleaceae
拉丁名	*Ligustrum vicaryi* Rehd.
英文名	Yellow Privet

常绿灌木，高50～150cm，叶对生，卵形，长3～3.5cm。枝条上部叶金黄色，小圆锥花序，白色，果紫黑色，核果。花期5～6月，果期9～10月，绿期至初冬，北方变为落叶过冬。扦插繁殖。属兼性耐盐植物，土壤含盐量0.4%左右，pH < 8.0的土壤环境中生长良好。本种由我国南方引入；原产地不清楚。分布华南、华东等地。天津滨海新区塘沽、汉沽、大港地区公园、庭院有栽培。供绿化；观赏；作绿篱；花坛。喜光、喜温，不耐干旱和荫蔽，耐盐碱和净化大气污染。

科　名	柏科 Cupressaceae
拉丁名	*Platycladus orientalis*（L.）Franco
英文名	Chinese Arborvitae

侧　柏

别名：柏树、香柏、扁柏

常绿乔木，树高达 20m，胸径可达 1.6m，小枝扁平，羽状分枝成一平面垂直侧生。鳞叶交互对生。雌雄同株。花期 3～4 月，种子 10 月成熟，四季常青。耐盐碱，喜钙质土。属兼性耐盐植物，土壤含盐量 0.4% 以下，pH＜8.0 的盐碱土中生长良好。中国特产。本种分布广，适应性强。天津滨海新区改良盐碱土中可引种栽培。北方石灰岩山地重要树种，也是园林绿化优良树种。易长成大树或老树。木材优良,供建筑、做工艺品；叶和种子入药。

千头柏

别名：子孙柏、凤尾柏、扫帚柏

科　名	柏科 Cupressaceae
拉丁名	*Platycladus orientalis* 'Sieboldii'
英文名	Siebold Chinese Arborvitae

属于侧柏栽培变种。灌木，端枝淡黄绿色，高2m，小枝扁平，鳞叶交互对生。雌雄同株。球花单生枝顶，球果当年成熟。种鳞厚，扁平。种子1～2粒。花期3～4月，种子10月成熟。属兼性耐盐植物，在土壤含盐量0.4%以下，pH＜8.0的盐碱土中生长良好。天津滨海新区改良后的轻盐碱地有栽培。为庭院观赏树，或作绿篱。

科 名	卫矛科 Celastraceae
拉丁名	*Euonymus maackii* Rupr.
英文名	Maackii Spindle-tree

白杜卫矛

别名：明开夜合、丝棉木、华北卫矛

落叶乔木，高6～10m。叶对生，卵形，长4～7cm，宽2～5cm，叶缘有锯齿。花白绿色，直径4mm，花4数，二歧聚伞花序。蒴果粉红色。种子淡棕色，假种皮红色。花期5～6月。属兼性耐盐植物，在土壤含盐量0.4%，pH＜8的盐碱土中生长良好。原产中国。北方山坡、庭院、路旁常有栽培，天津滨海新区引种为公园绿化、观赏树种。

冬青卫矛

别名：大叶黄杨、万年青、正木

科　名	卫矛科 Celastraceae
拉丁名	*Euonymus japonicus* L.
英文名	Japanese Spindle-tree

常绿灌木或小乔木，高1～3m。小枝上有疣点状皮孔。对生叶，革质，叶面光亮，椭圆形，长3～6.5cm，宽2～4cm，叶缘浅钝圆齿。聚伞花序，花白绿色，4数，直径7mm。蒴果。种子外被红色假种皮。花期5～6月，四季常青。属兼性耐盐植物，在含盐量0.3%～0.5%的轻、中盐碱土中生长良好。原产日本。中国各地普遍栽培，适应性强，易于存活，但初期应保护性越冬。天津滨海新区重盐碱地区，土壤改良后均可栽培，作绿篱，供观赏。

科　名	豆科 Leguminosae
拉丁名	*Caragana rosea* Turcz et Maxim.
英文名	Red flower Peashrub

红花锦鸡儿

别名：锦鸡儿

落叶灌木，丛生，高3m。枝黄灰绿色，无毛。托叶刺状。小叶4枚，假掌状排列，倒卵形，长1.5～2.5cm，宽0.4～1cm，先端具刺尖。花单生，花梗有关节。花冠鲜黄色，后变红紫色。荚果圆筒形，长约6cm，褐色。花期5～6月，果期7～8月，绿期至秋末。属兼性耐盐植物，耐盐能力强，在土壤含盐量0.3%～0.5%，pH＜8.0的盐碱土中均能生长。分布辽宁、河北、天津、山东、山西、内蒙古。天津滨海新区盐碱土地区引种栽培于公园、庭院供观赏。

曼陀罗

别名：万桃花、闹羊花、醉心花

科名	茄科 Solanaceae
拉丁名	*Datura stramonium* L.
英文名	Jimsonweed

草本或半灌木状。茎粗壮，下部木质化。叶广卵形，叶缘不规则浅裂。花单生，生于枝杈间或叶腋，花直立，有短梗；花萼筒状，筒部有5棱角；花冠漏斗形，下半部带绿色，上部白色、紫色或淡紫色；雄蕊不伸出花冠；子房密生针毛。蒴果直立，卵形，表面具针刺或无，规则4瓣裂。4～5月萌发，花果期6～10月。本种全株有毒，花药用，有麻醉作用。本种耐盐性能强，能在土壤含盐量0.3%～0.6%的盐生荒地中生长。我国各地有分布。北京、天津、河北常见。天津及滨海新区道旁、垃圾地、荒地，盐碱地均有野生。

科 名	大戟科 Euphorbiaceae
拉丁名	*Ricinus communis* L.
英文名	Castorbean

蓖 麻

一年生草本。株高1.5～2m。茎直立，中空。叶盾形，掌状5～11裂，裂片卵形或窄卵形，缘具齿，无毛；叶柄长；托叶合生，早落。花单性，雌雄同株，无花瓣；聚伞圆锥花序顶生或与叶对生。蒴果，长圆形或近球形。种子长圆形，有种阜，具白色斑纹。花期7～8月，果期9～10月，绿期至秋末。属兼性耐盐植物，在土壤含盐量0.4%～0.6%，pH＜8.0的盐碱土中生长良好。原产于非洲。中国各地均有栽培。天津滨海新区塘沽、汉沽、大港盐碱地区可栽培，供观赏。种子含油量70%，可作工业用油，是优良的润滑剂。叶饲养蓖麻蚕。药用于缓泻剂；根、茎、叶、种子均可入药，有祛湿、通络、消肿、拔毒之效。

马 蔺

别名：马莲、紫兰草、兰花草

科　名	鸢尾科 Iridaceae
拉丁名	*Iris lectea* Pall.var.*chinensis* (Fisch.)Koidz.
英文名	Chinese Iris

多年生草本。根状茎短而粗壮，常聚集成团。叶线形，平滑无毛。花蓝紫色。花被片6，外轮3片较大，匙形，向外弯曲，中部有黄色条纹；内轮3片花被片较小，披针形，直立。雄蕊3；花柱3，2裂，蓝色。蒴果，长圆柱形，具3棱；种子多数，近球形，红褐色，具不规则的棱。花期5～6月，果期6～7月，绿期较长。属兼性耐盐植物，耐盐能力强，在含盐量0.3%～0.4%的盐碱地中正常生长。我国分布普遍。前苏联、蒙古也有。天津滨海新区塘沽、汉沽、大港地区盐碱地中常见栽培。公园绿地常有栽培，供观赏。本种叶纤维可代麻和造纸用。根、花和种子入药，根能清热解毒；花能清热凉血、利尿消肿；种子能凉血止血、清热利湿，种子还可榨油制皂。

科　名	旋花科 Convolvulaceae
拉丁名	*Convolvulus arvensis* L.
英文名	European Glorybind

田 旋 花

别名：箭叶旋花、中国旋花

多年生缠绕或平卧草本，茎有条纹。叶片卵圆形，基部戟形、箭形或心形，全缘或3裂；叶柄比叶片短。花常单生叶腋，2～3至多朵；苞片2，线形，远离萼片；萼片5，不等长。花冠漏斗状，粉红色或白色；雄蕊5，花丝具小鳞毛；子房2室，每室2胚珠；柱头2，线形。蒴果，种子圆形，黑色或暗褐色。萌芽期4月，花期6～8月，果期7～9月。绿期至中秋末。兼性耐盐植物，在土壤含盐量0.3%～0.6%，pH8.0的轻、中度盐碱土中正常生长，野生。可驯化为观赏花卉。分布东北、西北、西南、华东；北京、天津、河北分布普遍。天津滨海新区盐碱荒地、路旁、田间等地为杂草野花。

打碗花

别名：小旋花、兔耳草

科　名	旋花科 Convolvulaceae
拉丁名	*Calystegia hederacea* Wall.
英文名	Ivy-like Calystegia

多年生缠绕或平卧草本，茎有细棱，通常基部分枝。叶片三角状卵形，戟形或箭形，全缘，无毛。花单生叶腋，花梗长于叶柄；苞片2，宽线形，接近萼片；萼片5；花冠漏斗状，白色，有时淡红或紫色；雄蕊5，具小鳞毛；子房2室，无毛；柱头2裂，线形。蒴果近球形，种子黑褐色，表面具小疣。萌芽期4月，花期6～9月，果期7～10月，绿期至秋末。兼性耐盐植物，在土壤含盐量0.3%～0.6%，pH8.0的轻、重盐碱土中正常生长，野生，可驯化为观赏花卉。天津滨海新区盐碱荒地、路旁、田间等地为杂草野花。

科　名	菊科 Compositae
拉丁名	*Helianthus annuus* L.
英文名	Sunflower

向日葵

一年生高大草本，高1～3m。茎粗壮被硬刚毛。叶互生，长10～30cm，宽卵形，叶缘具粗锯齿，两面被粗毛，叶柄长。头状花序生茎顶，花盘直径约35cm，总苞片卵圆形或卵状披针形，被硬刚毛。雌花舌状，金黄色，不育两性花管状，结实。花托平，托片膜质。瘦果，冠毛具2鳞片，呈芒状。花期6～7月，果期8～9月，绿期至秋末。属兼性耐盐植物，在含盐量0.3%～0.5%的盐碱土中生长良好。原产北美，世界各地广为栽培。我国各地栽培，天津滨海新区各地盐碱土地区常有栽培，有改良盐碱土的作用。本种属油料农作物,瘦果可榨油，食用。可做饲料及工业原料，制人造丝及纸浆。

野西瓜苗

别名：灯笼棵、打瓜花

科 名	锦葵科 Malvaceae
拉丁名	*Hibiscus trionum* Linn.
英文名	Flower of an Hour

一年生草本，高 30～60cm，平卧或直立。茎柔软，有白毛。叶掌状 3～5 深裂，下部圆形不裂或浅裂，上面被少数硬毛或无毛，下面稀被星状刺毛，叶柄长 2～4cm，具硬毛。花单生叶腋，花梗长 2cm，被硬毛，萼钟形，淡绿色；花冠淡黄色，中央紫色，花药黄色，花柱 5 裂。蒴果长圆球形，黑色果瓣 5，种子肾形。萌发期 5 月，花期 6～8 月，果期 8～10 月，绿期至 11 月。属兼性耐盐植物，在含盐量 0.4%～0.6% 的中盐碱土上普遍生长，野生或栽培。天津滨海新区及我国各地常见野生，生长于盐荒地、田间。欧洲、亚洲及非洲各国也有。

科　名	锦葵科 Malvaceae
拉丁名	*Abutilon theophrasti* Medic.
英文名	Chingma Abutilon

苘　麻

别名：白麻、青麻

一年生草本，高1～2m。茎直立，绿色，被柔毛。叶圆心形，长5～12cm，宽4～11cm。两面被星状柔毛。叶柄长3～12cm。花单生叶腋，花梗长1～3cm，具关节。萼杯状，花瓣黄色，心皮15～20，轮状排列。果实半球形，直径约2cm，分果瓣顶具2长芒，种子肾形。萌发期6月，花期7～8月，果期9月。野生或栽培，属兼性耐盐植物，在含盐量0.4%～0.6%的中盐碱土中普遍生长。天津滨海新区及我国各地常见野生。印度、越南、日本、欧洲及北美洲也有。本种属野生纤维植物，可做编织材料。种子入药，有利尿、通乳、顺产之功效。根及全草能祛风解毒；种子含油量16%～25%，可制肥料和油漆等。

大花马齿苋

别名：半支莲、死不了、草杜鹃

科　名	马齿苋科 Portulacaceae
拉丁名	*Portulaca grandiflora* Hook.
英文名	Largeflower-Purslane

一年生草本,茎半向上生长。叶肉质，圆筒形，长2.5cm，花下叶较长形成总苞，具簇生长毛，花顶端簇生，花径3～4.5cm;花瓣5数，具各种颜色。蒴果；种子多数。花、果期6～9月，绿期至秋末。属兼性耐盐植物，轻度耐盐草花，在土壤含盐量0.3%，pH＜8.0的环境中生长良好。原产巴西。北京、天津、河北各地公园栽培，供观赏。

科　名	景天科 Crassulaceae
拉丁名	*Sedum aizoon* L.
英文名	Aizoon Stonecrop

费　菜

别名：见血散、土三七

多年生草本，直立，不分枝，茎高20～50cm。叶互生，长披针形至倒披针形，长5～8cm，宽1.7～2cm，顶端渐尖，基部楔形，叶缘有不整齐锯齿,几无柄。聚伞花序；花密生；萼片5，长3～5mm；花瓣5，黄色，长6～10mm；雄蕊10；心皮基部合生，有囊状突起。蓇葖果星芒状。花期8～9月，果期10月，绿期至秋末。属兼性耐盐植物，轻度耐盐地被植物，在土壤含盐量0.3%，pH＜8.0的环境中生长良好。分布我国华北、辽宁、吉林。朝鲜、日本也有。天津公园有引种，供观赏。天津滨海新区公园改良盐碱地可栽培。

五叶地锦

别名：五叶爬山虎

科　名	葡萄科 Vitaceae
拉丁名	*Parthenocissus quinquefolia*（L.）Planch.
英文名	Virginia Creeper

落叶木质攀缘藤本。叶为5小叶掌状复叶。幼枝淡红色，4棱。小叶椭圆状卵形，较大，长3～10cm。花期6～8月，果期9～10月，绿期至初冬。属兼性耐盐植物，适应于土壤含盐量0.3%～0.4%，pH8.0的盐碱地。原产北美洲。现我国北方普遍栽培，北京、天津、河北及天津滨海新区盐碱地有栽培，供观赏。附墙能力强，耐旱，耐寒，绿期长，秋天叶子变红。是一种优良的攀缘绿化植物。

科　名	豆科 Leguminosae
拉丁名	*Medicago sativa* Linn.
英文名	Alfalfa

紫花苜蓿

别名：紫 苜蓿、苜蓿、苜草

多年生草本，高30～100cm。茎直立或基部斜卧，多分枝。叶为羽状复叶，小叶3，倒卵形、椭圆形或披针形，长1～2.5cm，宽0.5cm，先端圆钝，基部楔形，上部叶缘有锯齿，下面有白色伏毛；托叶披针形。总状花序腋生，近头状。花萼有柔毛；花冠蓝紫色或紫色。荚果螺旋形，先端有喙；种子肾形，黄褐色。花果期5～8月，绿期至秋末。耐盐碱。属兼性耐盐植物，中度耐盐能力，在土壤含盐量0.3%～0.6%，pH＜8.0的盐碱土中生长良好。原产欧洲，我国广泛引种栽培。天津滨海新区塘沽、汉沽、大港等盐碱地区有栽培。公园引种作草坪，供观赏；并有做饲料、绿肥，改良盐碱土，保持水土的功能。

葡 萄

科　名	葡萄科 Vitaceae
拉丁名	*Vitis vinifera* L.
英文名	Wine Grape

落叶木质攀缘藤本，长达30m。茎皮褐色，叶片状剥落。卷须与枝对生。叶5浅裂，叶缘具粗齿。圆锥花序大，与叶对生。果序下垂，果实大小、颜色依品种不同而各异。花期5～6月，果期7～9月，绿期至秋末。属于兼性耐盐植物，土壤含盐量0.3%～0.4%，pH＜8.0的轻、中盐碱地均能栽培。原产亚洲西部。我国普遍栽培，天津滨海新区汉沽盐碱地区是天津市葡萄生产基地。葡萄用途广泛，供绿化；观赏；果实食用、酿酒、制葡萄干；渣可提取酒石酸；药用，果祛湿利水；根和藤茎止呕、安胎。插条或压条繁殖。

科　名	玄参科 Scrophulariaceae
拉丁名	*Rehmannia glutinosa* Libosch.ex Fisch.et Mey.
英文名	Adhesive Rehmannia

地　黄

多年生草本，全株被灰白色或淡褐色长柔毛及腺毛。根状茎肉质肥厚，鲜时黄色。茎高5～30cm，紫红色，茎上少有叶。叶常基生，倒卵形，长2～10cm，宽1～3cm，叶面起皱，叶缘有不整齐锯齿，上面绿色，下面淡紫色。总状花序顶生，花梗长1～3cm，花萼钟状，花冠筒状微弯，长3～4cm，外面紫红色，内面黄色有紫斑，二唇形，上唇2裂，下唇3裂；雄蕊4；花柱长，柱头裂。硕果。花期4～6月，果期7～10月，绿期至秋末。属兼性耐盐植物，能生长在土壤含盐量0.3%～0.6%，pH＜8.0的盐碱土中。北京、天津、河北各地常见。分布于东北、华北、陕西、甘肃、山东、河南、江苏、湖北、安徽等地。天津及滨海新区各地常见野生或栽培，供绿化，观赏。为重要的中药材，鲜生地黄能清热、生津凉血、润燥；止血；熟地黄能滋阴补肾、补血调经。

圆 柏

别名：桧柏、刺柏、红心柏

科　名	柏科 Cupressaceae
拉丁名	*Sabina chinensis* (L.) Ant.
英文名	Chinese Juniper

常绿乔木，树高达20m，胸径可达1m以上。树皮深灰色，条状剥落。幼时为针刺叶，老树多鳞形叶。雌雄异株。球果紫黑色。原产我国，分布广，树形美观，品种较多，均可作城市园林植物。花期4～6月，种子翌年10～11月成熟，种子2～3粒，四季常青。属兼性耐盐树种，在土壤含盐量0.3%以下，pH＜8.0的轻盐碱土中生长良好。原产我国中部，分布内蒙古、东北、广东、广西、福建、浙江及西藏。朝鲜、日本也有。能在天津滨海新区塘沽、汉沽、大港地区改良盐碱土中栽培。供绿化；观赏；做工艺品、家具；叶和种子可入药。

科　名	豆科 Leguminosae
拉丁名	*Cercis chinensis* Bge.
英文名	Chinese Redbud

紫　荆

落叶灌木，高3～4m。小枝灰褐色，无毛，有皮孔。单叶，互生，近圆形，长6～14cm，宽5～14cm，先端急尖，基部心形，无毛，上面深绿色，下面淡绿色。花先于叶开放，4～10朵簇生于老枝上。花冠紫红色，长1.5～1.8cm。荚果扁平，长5～14cm，宽1.3～1.5cm，褐色，顶端有短喙，腹缝线上有狭翅。种子1～8粒。早春开花，为著名的花灌木，花期4月，果期8～9月，绿期至秋末。属兼性耐盐植物，中度耐盐能力，在土壤含盐量0.3%，pH＜8.0的盐碱土中均能生长。主产我国西南及东南地区。北京、天津、河北城市公园普遍栽培。天津滨海新区盐碱土地区引种公园和庭院，供观赏。根、皮、木材入药，有活血行气、消肿止痛之效；树皮、花梗外用疮疡药。白花紫荆 *Cercis chinensis* Bge. f. *alba* P.S.Hsu，主要特征为花朵白色。分布华东至西南。天津滨海新区偶见分布。

紫 藤

科 名	豆科 Leguminosae
拉丁名	*Wisteria sinensis* (Simg) Sweet.
英文名	Chinese Wisteria

落叶木质藤本植物。枝灰褐色。奇数羽状复叶，互生，长20～30cm，小叶7～13，卵状披针形，长5～11cm，宽1.5～5cm，全缘，幼时两面疏生柔毛，成熟时近无毛。总状花序侧生下垂，长15～30cm。花紫色或深紫色。荚果扁平，长10～20cm，密生灰褐色短柔毛。花期4～5月，果期7～8月，绿期至秋末。耐轻盐碱大藤本植物，属兼性耐盐植物，轻度耐盐能力，在土壤含盐量0.3%以下，pH＜8.0的土壤环境条件下生长良好。本种原产中国，各地有栽培，北京、天津、河北多作公园、庭院栽培。天津滨海新区改良盐碱土能栽培，供观赏。茎皮及花入药，能解毒驱虫、止吐泻，种子有毒。

藤萝（*W.villosa* Rehd.），花淡紫色，成熟叶下面密生柔毛。

科　　名	桑科 Moraceae
拉 丁 名	*Broussonetia papyrifera* Vent.
英 文 名	Common Papermulberry

构　树

别名：楮树、谷浆树

落叶乔木，高可达18m。树皮淡灰色，平滑或浅裂，小枝密生柔毛，茎皮坚韧。叶卵圆形，不裂或3～5裂，长7～20cm，宽6～15cm，叶缘有锯齿，上面深绿色，具粗糙伏毛，下面灰绿色，密被柔毛。雌雄异株，雄花柔荑花序，绿色；雌花头状花序，径1.2～1.8cm。聚花果球形、肉质红色，径2～3cm。花期5月，果期9～10月，绿期至秋末。属兼性耐盐植物，在土壤含盐量0.3%左右，pH < 8.0的轻盐碱地均可栽培。分布云南、四川、江苏、浙江、湖北、广东。朝鲜、越南、日本、印度也有。北京、天津、河北公园栽培。天津滨海新区塘沽、汉沽、大港土壤改良地区，也可引种栽培。耐干旱，抗尘埃污染。供公园、庭院绿化、观赏；建材、造纸原料；种子可榨油；饲蚕；果、皮入药，补肾利尿，强筋骨。

桑

别名：白桑、家桑

科　名	桑科 Moraceae
拉丁名	*Morus alba* L.
英文名	White Mulberry

落叶乔木，高3～7m或更高。树皮灰褐色，浅纵裂。叶互生，卵形，长6～15cm，宽3～13cm，边缘有锯齿，有时呈不规则分裂，上面鲜绿色，光滑，下面脉上有毛。花叶同时开放，雌雄异株。柔荑花序，肉质花被。瘦果，集成聚花果，俗称桑椹，紫黑色或白色。花期5月，果期7月，花叶同期开放，绿期至秋末。属兼性耐盐植物，耐盐能力强，在土壤含盐量0.3%左右，pH＜8.0的盐碱土上生长良好。全国各地普遍栽培或野生，主要分布江南地区；朝鲜、日本、蒙古、欧洲也有。天津滨海塘沽、汉沽、大港地区盐碱土经改良脱盐后可引种栽培。树形美观，公园、庭院栽培供观赏。叶饲蚕；桑椹可食或药用；木材作建材、工艺品；茎皮是造纸、纺织原料；根皮为中药桑白皮，利尿、镇咳，叶、根、皮入药。

科　　名	桑科 Moraceae
拉 丁 名	*Morus alba* ´Tortusa´
英 文 名	Tortuous Mulberry

龙爪桑

园艺栽培种。落叶乔木，高3～7m。树皮灰褐色，浅纵裂。枝条弯曲向上生长成扭曲状。叶互生，卵形，较大，边缘有锯齿，有时呈不规则分裂，上面鲜绿色，光滑。花叶同时开放，雌雄异株。柔荑花序，肉质花被。瘦果，集成聚花果。花期5月，果期7月，花叶同期开放，绿期至秋末。属兼性耐盐植物，在轻盐碱土上生长良好。北京、天津地区公园、庭院常见栽培。天津滨海新区塘沽、汉沽、大港地区盐碱土经改良脱盐后可引种栽培。树形美观，公园、庭院栽培供观赏。

馒头柳

别名：柳树、汉宫柳

科 名	杨柳科 Salicaceae
拉丁名	*Salix matsudana* Koidz.var. *umbraculifera* Rehd.
英文名	Hankow Willow

落叶乔木，树冠阔伞形或半圆形，呈馒头状。树高可达8m，胸径达15cm。树皮粗糙纵裂、暗灰黑色。叶披针形，长5～9cm，宽0.8～1.0cm，先端渐长。开花期3～4月，果期5月，绿期至秋末。属兼性耐盐植物，适应土壤含盐量0.3%～0.4%，pH＜8.0，耐盐能力较强。属栽培变种。主要分布在东北、华北和西北地区。天津、北京、河北多栽培。常作行道树、防护林。天津滨海地区生长良好。

科　　名	玄参科 Scrophulariaceae
拉丁名	*Paulownia tomentosa* (Thunb.) Steud.
英文名	Royal Paulownia

毛泡桐

落叶乔木，高20m，胸径可达1m。树皮灰褐色，浅裂。小枝绿褐色，具长腺毛。叶卵形或心脏形，长20～40cm，宽15～35cm，全缘或3～5浅裂，上面毛稀疏，下面毛密生；新枝叶较大，密被腺毛及分枝毛。花序大，圆锥形，长40～50cm，花冠紫色，漏斗状钟形，长5～7cm，直径4.5cm。蒴果卵圆形，果皮厚。花期4～5月，果期9～10月，绿期至秋末。属兼性耐盐植物，在土壤含盐量0.3%～0.4%，pH < 8.0的盐碱地上可以栽培。主要分布于黄河中下游各地。天津引种栽培，作行道树绿化树种和公园观赏树。天津滨海新区塘沽、汉沽、大港地区，改良盐碱地移栽，存活率较高。

海 棠 花

别名：海棠

科 名	蔷薇科 Rosaceae
拉丁名	*Malus spectabilis* (Ait.) Borkh.
英文名	Chinese Flowering Crabapple

落叶小乔木，高8m。老枝红褐色，无毛。叶片椭圆形，长5～8cm，宽2～3cm。叶缘有细锯齿，或部分近全缘；叶柄长1.5～2cm。花序近伞形，花4～6朵；花直径4～5cm；萼片三角状卵形，内面有绒毛；花瓣白色，花蕾期粉红色；雄蕊20～25；花柱5。果实近球形，直径1.5～2cm，果实黄色；萼片宿存，基部不洼陷。但变化较大，果梗细长，3～4cm。花期4～5月，果期8～9月，绿期至秋末。属兼性耐盐植物，在土壤含盐量0.3%左右，pH＜8.0的盐碱地可以栽培，为著名的观赏树木。分布于山东、陕西、江苏、浙江、云南。北京、天津、河北公园中普遍栽培，供观赏。天津滨海盐碱土地区公园、庭院中均有栽培。

科 名	蔷薇科 Rosaceae
拉丁名	*Malus prunifolia* (Willd) Borkh.
英文名	Pearleaf Crabapple

海棠果

别名：楸子

落叶小乔木，高3～8m。老枝灰紫色，无毛。叶片椭圆形，长5～9cm，宽4～5cm。叶缘有细锯齿；叶柄长1～5cm。伞形花序，花4～10朵；花直径4～5cm；萼片三角状披针形，两面有毛；花瓣白色，花蕾期粉红色；雄蕊20；花柱4。果实卵形，直径2～2.5cm，果实红色；萼片宿存，基部微凸起。果梗细长。花期4～5月，果期8～9月，绿期至秋末。属兼性耐盐植物，可在土壤含盐量0.3%左右，pH＜8.0的盐碱地，野生或栽培。分布于山东、山西、陕西、河南、甘肃、辽宁、内蒙古。北京、天津、河北公园中普遍栽培，供观赏。天津滨海盐碱土地区公园、庭院中均有栽培。

红叶李

别名：紫叶李、樱桃李

科　名	蔷薇科 Rosaceae
拉丁名	*Prunus cerasifera* Ehrh. f. *atropurpurea* Jacq Rehd.
英文名	Red-Leaf Plum

落叶小乔木，高7m，叶椭圆状披针形，长5～7cm，紫红色。花单生，花瓣淡红色。核果近球形。花期4～5月，果期7～10月，绿期至秋末。属兼性耐盐植物，在土壤含盐量0.3%左右，pH＜8.0的土壤环境中生长良好。原产亚洲西部。京、津、冀公园或庭院中引种栽培。天津滨海新区塘沽、汉沽、大港地区改良盐碱土上栽培。供观赏。

科 名	蔷薇科 Rosaceae
拉丁名	*Prunus persica* (L.) Batsch.
英文名	Peach

桃

别名：桃子

落叶乔木，高可达12m。叶椭圆状披针形，长5～7cm。花单生，先叶开放。花瓣粉红色；雄蕊多数；子房具柔毛；核果近球形，表皮被绒毛。花期4～5月，果期6～9月，绿期至秋末。属兼性耐盐植物，轻度耐盐。在土壤含盐量约0.3%，pH＜8.0的环境中生长良好。分布河北、山西、山东、陕西、甘肃、贵州、浙江、江苏、安徽、江西、云南、四川等地。北京、天津、河北公园或庭院中引种或果园栽培。天津滨海新区塘沽、汉沽、大港地区改良盐碱土上能栽培。桃是我国著名的水果之一，品种极多。常见的有油桃、蟠桃、碧桃等。供观赏，食用。

玫瑰

别名：刺玫花

科名	蔷薇科 Rosaceae
拉丁名	*Rosa rugosa* Thunb.
英文名	Rugosa Rose

落叶灌木，高2m。丛生，密生短柔毛，有细长的皮刺和针刺。奇数羽状复叶，小叶5～9，椭圆形，长2～5cm，宽1～2cm，叶缘钝锯齿，上面有光泽，无毛、多皱，下面灰绿色，有绒毛及腺毛。花单生或3～6朵聚生枝端，有浓香气，直径6～8cm；花瓣紫红色，少有白色，重瓣。果扁球形，直径2～2.5cm，红色。原产华北，现各地栽培，是园林中重要的花灌木。花期4～5月，果期9～10月，绿期至秋末。属兼性耐盐植物，轻度耐盐。在土壤含盐量0.3%～0.4%，pH＜8.0的环境中生长良好。原产我国北部，现各地栽培。以山东、安徽、浙江、江苏、四川、广东等为多。北京、天津、河北公园或庭院中引种栽培。天津滨海新区塘沽、汉沽、大港地区改良盐碱土上能栽培。鲜花瓣含油0.03%,用于制香精；花供药用。玫瑰栽培历史悠久，品种繁多。

科 名	蔷薇科 Rosaceae
拉丁名	*Rosa xanthina* Lindl.
英文名	Manchuria Rose

黄刺玫

别名：黄刺莓

落叶灌木。小枝多皮刺。奇数羽状复叶，小叶7～13，近圆形，长8～15mm，宽5～10mm，下面幼时有毛；叶柄长8～15mm。花单生，直径约4cm；萼片长1cm，全缘；花瓣黄色；花柱离生。蔷薇果近球形，直径1～1.2cm，红褐色，萼片宿存。花期4～5月，果期7～8月，绿期至秋季。属兼性耐盐植物，轻度耐盐。在土壤含盐量0.3%～0.4%，pH < 8.0的环境中生长良好。分布内蒙古、陕西、山西、甘肃、青海、山东。北京，天津，河北常栽培于公园。天津滨海新区轻度盐碱土公园、庭院中常见，供观赏；花、果实入药，能理气活血，调经健脾。

月季花

别名：四季墙薇、月月红、月月花

科 名	蔷薇科 Rosaceae
拉丁名	*Rosa chinensis* Jacq.
英文名	China Rose

常绿或半常绿灌木，高1～2cm。小枝上有钩状皮刺。奇数羽状复叶，小叶3～5，卵状长圆形，长2～7cm，叶缘有尖锯齿；叶柄、叶轴上密生皮刺及腺毛。花单生或几朵簇生成伞房状，直径4～6cm，有香气。花重瓣，红色、深红色、粉红色或白色等，花色形态多姿多态，品种繁多。花果期5～11月，绿期至初冬。在土壤含盐量0.3%～0.4%，pH＜8.0的盐碱地均可栽培。原产我国华中、西南地区。久经栽培、杂交，形成现代月季。华北以南各地普遍栽培。月季在园林中占有重要的地位。天津滨海轻盐碱土地区公园、庭院中普遍栽培。现代月季已非原种，杂交品种逾万个。

科　名	石榴科 Punicaceae
拉丁名	*Punica granatum* L.
英文名	Pomegranate

石　榴

别名：安石榴、若榴木

落叶小乔木或灌木，高3～5m。树皮灰褐色，浅裂条状，小枝平滑，顶端常变成针刺。长枝叶对生，短枝叶簇生，全缘。花红色，径2.5～4cm，萼红色，革质，雄蕊着生于萼筒上。子房1室，侧膜胎座；下部3室，中轴胎座。浆果球形，径7～10cm，褐黄色至红色；花萼宿存。种子具肉质外种皮和坚硬的内种皮，粉红色。花期6～7月，果期9～10月，绿期至秋末。属兼性耐盐植物，在土壤含盐量0.3%～0.4%，pH＜8.0的轻盐碱土中生长良好。原产中亚及西亚。我国各处栽培。天津滨海新区塘沽、汉沽、大港地区改良盐碱土中常见栽培，作公园、庭院观赏、绿化用。果实为优良水果；根皮、树皮及果皮可提取栲胶；果皮、根皮及花入药，有收敛止泻、杀虫、止血之功效。石榴的变种很多。如千瓣红、千瓣白、玛瑙石榴、四季石榴、黑石榴等。主要供观赏。

紫 薇

别名：百日红、痒痒树

科 名	千屈菜科 Lythraceae
拉 丁 名	*Lagerstroemia indica* L.
英 文 名	Crape Myrtle

落叶灌木或小乔木，高达7m。树皮光滑，淡褐色，幼枝近四棱形，常有狭翅。叶对生，上部叶互生，椭圆形。圆锥花序顶生，长6～20cm；花瓣6，紫红色或鲜红色。花瓣边缘皱曲；雄蕊多数；蒴果。种子具翅。花、果期7～10月，绿期至秋末。属兼性耐盐植物，在土壤含盐量0.3%的轻盐碱土中，生长良好。原产亚洲热带、大洋洲北部、印度、马来西亚及我国华东、华中及西南各地。河北、北京、天津普遍栽培。天津市区及滨海新区公园、庭院有栽培。花色艳丽，供观赏。叶与树皮含单宁。

科 名	千屈菜科 Lythraceae
拉丁名	*Lythrum salicaria* L.
英文名	Purple Loosestrife

千屈菜

别名：水柳、对叶莲

多年生草本，根木质状。茎分枝，四棱形或六棱形。下部叶对生，上部叶互生，少有轮生，叶披针形。总状花序顶生，花带紫色，花瓣6；雄蕊12；6长6短，2轮形状各异。蒴果。花期7～9月，绿期至晚秋。生长在土壤含盐量0.4%，pH8.5的盐碱土区域，属兼性耐盐植物，多生长在池塘、沟渠水边湿地。北京、天津、河北各地常见；全国都有分布。欧洲、非洲、北美洲及大洋洲、朝鲜、日本、前苏联、蒙古、伊朗、阿富汗也有。天津滨海新区塘沽水边湿地栽培，分布广泛。供绿化；观赏；入药，全草含千屈菜甙、单宁及胆碱等，有清热解毒、凉血止血的功效。

日本小檗

别名：小檗

科　名	小檗科 Berberidaceae
拉丁名	*Berberis thunbergii* DC.
英文名	Japanese Barberry

落叶灌木，高1m。嫩枝黄色或紫红色，无毛，老枝紫褐色。刺不分枝，长5～18mm。叶呈卵形，长0.5～2cm，宽5～15mm，上面绿色，下面灰绿色，无毛。花单生或2～3朵簇生成伞形花序。花瓣黄色，基部有爪。浆果椭圆形，鲜红色。花期4～6月，果期7～10月，绿期至秋末。属兼性耐盐植物，轻度耐盐。在土壤含盐量0.3%，pH＜8.0的土壤环境中生长良好。原产日本。我国各地引种栽培，天津滨海新区塘沽、汉沽、大港盐碱地区栽培。常作绿篱，绿化供观赏。枝、叶、根入药有消炎、健胃之功效。

科 名	小檗科 Berberidaceae
拉丁名	*Berberis thunbergii* DC. var. *atropurpurea* Chenault
英文名	Purple Barberry

紫叶日本小檗

别名：紫叶小檗

为日本小檗的变种。落叶灌木，高1m。叶卵形，长0.5～2cm，宽5～15mm，叶片紫红色。花单生或2～3朵簇生成伞形花序。花瓣黄色，基部有爪。浆果椭圆形，鲜红色。花期4～6月，果期7～10月，绿期至秋末。属兼性耐盐植物，轻度耐盐。在土壤含盐量0.3%左右，pH＜ 8.0的环境中生长良好。原产日本。我国各地引种栽培。常作花坛、庭院篱笆，供观赏。天津滨海新区塘沽、汉沽、大港等盐碱地区的公园、庭院均可栽培。枝、叶、根入药，有消炎、健胃之功效。

木 槿

别名：篱障花、红槿花

科　名	锦葵科 Malvaceae
拉丁名	*Hibiscus syriacus* L.
英文名	Rose of Sharon

落叶灌木，高 2～3m，多分枝。叶菱状卵圆形，上部常 3 浅裂或不整齐粗齿。花单生于枝端叶腋，花冠钟形，紫色，直径 5～6cm。蒴果卵圆形，被金黄色星状毛。种子肾形，背面有淡黄色长柔毛。花紫红色和白色，重瓣和单瓣。木槿有单瓣白花木槿和重瓣白花木槿两个变种。花期 7～10 月，绿期至秋末。属兼性耐盐植物，轻度耐盐花灌木。在土壤含盐量约 0.3%，pH ＜ 8.0 的环境中生长良好。原产我国中部，河北、北京、天津普遍栽培；天津滨海新区改良盐碱土中生长良好。供观赏和作绿篱。茎皮造纸。全株入药，可清热、凉血、利尿。对二氧化硫、氯气抗性较强。

科　名	木犀科 Oleaceae
拉丁名	*Forsythia suspensa* (Thunb.)Vahl
英文名	Weeping Forsythia

连翘

别名：黄寿丹

蔓生性落叶灌木，枝条下垂，高4m，小枝褐色，枝髓中空，稍四棱形。叶对生，单叶或羽状三出复叶，顶叶大，长卵形，长3～10cm，宽2～5cm，叶缘有不整齐的锯齿。先叶开花，花黄色，花萼裂片与花冠管等长。蒴果。花期3～4月，果期9月，绿期至秋末。属兼性耐盐植物，轻度耐盐花灌木。在土壤含盐量约0.3%，pH＜8.0的环境中生长良好。分布我国北部及中部，现各地均有栽培。北京、天津、河北普遍栽培于公园、庭院。天津滨海新区改良盐碱土地区常有栽培。连翘为早春开花植物，供观赏；果实入药，能清热解毒；种子可榨油，供制化妆品。

海州常山

别名：臭梧桐、炮火桐、追骨风

科 名	马鞭草科 Verbenaceae
拉丁名	*Clerodendrum trichotomum* Thunb.
英文名	Harlequin Glorybower

落叶灌木或小乔木。株高1.5～2.5m。老枝灰白色，具皮孔，髓白色。叶卵状椭圆形或三角状卵形，表面深绿色，背面淡绿色。伞房状聚伞花序，顶生或腋生；花香，花冠白色或带粉红色；雄蕊4，柱头2裂。核果，近球形，包藏于增大的宿存萼内，成熟时外果皮蓝紫色。花、果期5～10月，绿期至秋末。属兼性耐盐植物，轻度耐盐花灌木。在土壤含盐量0.3%，pH＜8.0的环境中生长良好。适合于轻盐碱土栽培。分布于华北、中南、西南、辽宁、陕西、甘肃、陕西等地。朝鲜、日本至菲律宾北部也有。天津滨海新区改良盐碱土能栽培。公园常见栽培，供观赏。根、茎、叶、花入药，有祛风湿、清热利尿、止痛、平肝、降压之功效。

科 名	忍冬科 Caprifoliaceae
拉丁名	*Lonicera maackii* (Rupr.) Maxim.
英文名	Amur Honeysuckle Tree

金银忍冬

别名：金银木、马氏忍冬

落叶灌木，高5m，小枝中空，幼时具柔毛。叶卵状椭圆形，长5～8cm，宽2.5～4cm，叶上有柔毛，叶缘具睫毛。花冠二唇形，白色，后变黄色。浆果暗红色。种子具小凹点。花期6月，果期9月，绿期至秋末。属兼性耐盐植物，轻度耐盐花灌木。在含盐量0.3%左右，pH 8的土壤环境中生长良好。分布于东北、华北、中南及西南地区，天津市区及滨海地区改良盐碱土可引种栽培。耐寒、耐荫、耐盐碱，为有名的观赏花灌木。

黄 杨

别名：瓜子黄杨

科 名	黄杨科 Buxaceae
拉丁名	*Buxus sinica* (Rehd.et Wils.) Cheng
英文名	Chinese Box

常绿灌木或小乔木，高1～6m。茎灰白，小枝四棱形，有毛。叶革质，对生，宽椭圆形，长1.5～3.5cm，宽0.8～2cm。花单性，雌雄同株，花黄色，雄蕊4。蒴果近球形，黑褐色。花期4～5月，果期8～9月，绿期至秋中。属于兼性耐盐植物，在土壤含盐量0.3%，pH＜8.0的轻盐碱土中正常生长。原产我国东部、中部及西部。天津滨海地区庭院中可栽培，作绿篱，供观赏；木材可做工艺品。

科　名	菊科 Compositae
拉丁名	*Helianthus tuberosus* L.
英文名	Jerusalem Artichoke

菊芋

别名：洋姜

多年生高大草本，高1～3m。地下茎块状。茎直立。上部分枝，被粗毛或刚毛。叶长10～15cm，宽3～9cm，上部叶互生，基部叶对生，叶柄上部有窄翅。头状花序数个，生茎顶，花盘直径5～9cm，总苞片披针形，舌状花序淡黄色，管状花黄色。瘦果上端有毛。花期6～7月，果期8～9月，绿期至秋末。属兼性耐盐植物，在含盐量0.3%～0.4%的盐碱土中生长良好。原产北美，我国各地有栽培，天津滨海新区各地盐碱土地区常有栽培。本种块茎含淀粉，可制菊糖和酒精及酱菜。

一串红

别名：墙下红

科名	唇形科 Labiatae
拉丁名	*Salvia splendens* Ker-Gawl
英文名	Scarlet Sage

亚灌木状草本。茎四棱形。叶三角状卵圆形，叶下面有腺点，叶缘有锯齿。顶生总状花序，长达20cm，苞片大，红色，早落。花萼钟形，红色，二唇形；花冠红色，冠筒筒形，花檐二唇形。小坚果椭圆形。花、果期3～10月，绿期至秋后。在含盐量0.3%的盐碱土中正常生长。本种原产巴西，中国庭院中常见栽培。供室内布景、庭院观赏。

科 名	苋科 Amaranthaceae
拉丁名	*Celosia cristata* L.
英文名	Common Cockscomb

鸡冠花

别名：红鸡冠

一年生草本植物。茎绿色或紫红色。花序扁平，肉质鸡冠状、卷冠状或羽毛状的穗状花序。花被片颜色各样，有红色、黄色、紫色或红黄相间。花、果期3～10月，绿期至10月末。属轻盐碱植物，可忍受土壤含盐量约0.3%。原产印度，广布于全世界，我国各地栽培，天津滨海新区盆栽或花坛露地栽培供观赏。花序和种子供药用，为收敛剂，有止血、凉血之效。

菊 花

别名：鞠、秋菊

科　名	菊科 Compositae
拉丁名	*Dendranthema grandiflorum* (Ramat) Kitam.
英文名	Florists Dendranthema

多年生草本。茎基部木质，一般高50～120cm，被灰色短毛。叶卵形，边缘牙齿状缺刻或分裂，上面无毛。下面具柔毛。头状花序单生或数朵集生于茎顶。直径3～15cm。总苞片3～4层。舌状花有白、黄、淡红或紫红等颜色，长3～5cm，或因品种不同而异；管状花黄色，有时全变为舌状花。瘦果不发育，无冠毛。花期9～10月，因品种不同可四季开花。在含盐量0.3%的轻盐碱土中正常生长。原产中国，为世界著名观赏植物，品种多达1000余个。本区大量栽培。多种菊科植物可供药用或作杀虫剂；有的可食用，经济价值较大。

科　名	葡萄科 Vitaceae
拉丁名	*Parthenocissus tricuspidata* (Sieb.et Zucc.) Planch.
英文名	Japanese Creeper

爬山虎

别名：爬墙虎、地锦

落叶大藤本。多分枝，枝端有吸盘，卷须短。叶宽卵形，长10～20cm，宽8～17cm，常3裂，基部心形，叶缘粗锯齿，表面无毛，下面脉有柔毛；下部叶小，全裂3小叶；叶柄长8～20cm。聚伞花序生于短枝顶端叶间；花5数；萼全缘，花瓣反卷；雄蕊与花瓣对生；子房2室，每室胚珠2。浆果蓝色，直径6～8mm。花期6～7月，果期9～10月。属兼性耐盐植物，轻耐盐藤本植物，在含盐量0.3%，pH＜8.0的土壤环境中生长良好。主要分布于辽宁、河北、吉林、陕西、华东、华南、四川。日本也有。天津公园引种栽培，在滨海新区改良土壤脱盐处理后也可栽培。供观赏；根、茎入药，能祛风通经，活血解毒，对口腔、消化道有轻度消炎作用，果可酿酒。

科　名	马鞭草科 Verbenaceae
拉丁名	*Clerodendrum bungei* Stend.
英文名	Rose Glorybower

臭牡丹

别名：臭八宝

落叶灌木，有臭味，被柔毛。小枝近圆形，皮孔显著。叶片为宽卵形或卵形，长8～20cm，宽5～15cm，叶缘具粗或细锯齿，表面散生短柔毛，背面疏生短毛和散生腺点或无毛。伞房状聚伞花序，顶生；花萼钟状；花冠淡红色、红色或紫红色，花冠裂片倒卵形。核果，近球形，成熟时蓝黑色。花、果期5～11月，绿期秋末。属兼性耐盐植物，轻度耐盐花灌木。在含盐量0.3%，pH＜8.0的土壤环境中生长良好。分布于我国华北、西北、西南及江苏、安徽等。印度北部、越南、马来西亚也有。天津滨海新区改良盐碱土地区可栽培，或盆栽，供观赏。根、茎、叶入药，有祛风解毒、消肿止痛，并治子宫脱垂。

裂叶牵牛

科 名	旋花科 Convolvulaceae
拉丁名	*Pharbitis hederacea* (L.) Choisy
英文名	Lobedleaf Morning Glory

一年生草本。植物体具刺毛；茎细长，缠绕，分枝。叶心状卵形，被硬毛；掌状叶脉。花序有花1～3朵；总花梗腋生；苞片2，披针形；萼片5，披针形；花冠天蓝色或淡紫色，漏斗状，筒部白色；雄蕊5，不等长。蒴果，无毛，球形；种子三棱形，微皱。花期6～9月，果期8～10月，绿期至秋末。属兼性耐盐植物，在土壤含盐量0.3%左右，pH＜8.0的盐碱土中生长良好。原产于美洲。天津滨海新区盐碱地区野生于路旁，或栽培于庭院、公园中供观赏。

科　名	锦葵科 Malvaceae
拉丁名	*Hibiscus moscheutos* Linn.
英文名	Musky Hibiscus

芙蓉葵

别名：草芙蓉、美秋葵

多年生草本，直立，丛生，高1～1.5m。叶卵状披针形，长7～14cm，宽3.5～8cm，渐尖，基部楔形或圆形，叶缘钝锯齿，上面近无毛，下面灰白色毛；叶柄长3～9cm。花大，单生叶腋；小苞片9～11，线形，长约15mm，有毛；花萼钟形，裂片5，卵状三角形；花冠白、米黄、粉红或紫红色，中央常深红色，直径7～10cm。蒴果圆锥状卵形，长2.5cm，无毛。花、果期7～8月，绿期至秋末。属兼性耐盐植物，轻度耐盐，在含盐量0.3%，pH＜8.0的土壤环境中生长良好。原产北美洲。中国分布于青岛、上海、南京、杭州、昆明等地。天津、北京公园、庭院常有栽培。本种花色美丽，供观赏。

金盏花

别名：金盏菊

科 名	菊科 Compositae
拉丁名	*Calendula officinalis* L.
英文名	Potmarigold Calendula

一年生草本，高30～50cm。被柔毛及腺毛。叶无柄；下部叶匙形，长7～15cm，宽1.5～4cm，全缘或疏齿。头状花序单朵顶生，直径3～5cm，总苞片2层，披针形；花黄或橙黄色；舌状花通常3层，管状花多数。瘦果。花果期4～9月。属兼性耐盐植物，轻度耐盐草花。在含盐量0.3%，pH < 8.0的土壤环境中生长良好。原产欧洲。北京、天津、河北各地公园常见栽培。天津滨海新区有引种，栽培于花坛，供观赏。

科　名	菊科 Compositae
拉丁名	*Dahlia pinnata* Cav.
英文名	Aztec Dahlia

大丽菊

别名：大理菊、天竺牡丹、西番莲

多年生草本，有巨大棒状块根。高30～120cm。叶对生，叶轴有窄翅。叶片1～3回羽状全裂，叶缘有圆锯齿，上面深绿，下面灰绿。头状花序大，有长梗，直径5～15cm。总苞片外层5片，肉质。舌状花1层，8片，白色、红色或紫色。管状花黄色，栽培品种全变成舌状花。瘦果长圆形黑色。花果期6～10月。属兼性耐盐植物，在含盐量0.3%的轻盐碱土中正常生长。原产墨西哥，全世界普遍栽培，约有3000个品种。天津滨海新区普遍引种，宜花坛、花境丛栽，供观赏。根含菊糖，具有与葡萄糖相同之功效。

大花牵牛

别名：白边牵牛

科 名	旋花科 Convolvulaceae
拉丁名	*Pharbitis limbata* Lindl.
英文名	Largeflower Pharbitis

一年生缠绕草本。植物体被长柔毛。叶心状宽卵形，通常3裂，先端裂片长圆形，两侧裂片常不规则。花1～3朵簇生于叶腋；苞片2，线形；萼片5，长披针形；花冠紫红色或粉红色，花冠边缘常具白色边。蒴果，球形，种子三棱形，被毛。花期6～8月，果期7～9月，绿期至秋末。属兼性耐盐植物，在土壤含盐量约0.3%，pH＜8.0的盐碱土中生长良好。北京、天津、河北常见栽培。天津滨海新区改良盐碱地上亦有栽培，供观赏。

圆叶牵牛

科名	旋花科 Convolvulaceae
拉丁名	*Pharbitis purpurea* (L.) Voigt.
英文名	Common Morning Glory

一年生草本。茎缠绕，植株被倒向短柔毛和稍开展的硬毛。叶为圆心形，全缘。花腋生、单生或数朵组成伞形聚伞花序；萼片5，长圆形；花冠漏斗状，紫红色或粉红色，花冠筒近白色；雄蕊5，花丝基部被毛；雌蕊由3个心皮组成，柱头3裂。蒴果，近球形，无毛；种子卵状三棱形。花、果期6～9月。属兼性耐盐植物，在土壤含盐量0.3%左右，pH＜8.0的盐碱土中生长良好。原产于南美洲。我国广为分布，天津滨海新区盐碱地野生，可供观赏。种子入药，有泻下、利尿、驱虫的功效。

牵 牛

别名：喇叭花

科 名	旋花科 Convolvulaceae
拉丁名	*Pharbitis nil* (L.) Choisy
英文名	Imperial Japanese Morningglory

一年生缠绕草本。植物体被毛。叶宽卵形或近圆形，常为3裂；先端裂片长圆形或卵圆形；侧裂片较短，三角形，被柔毛；苞片2，披针形。花序腋生，也有单生于叶腋的；萼片5，披针形；花冠漏斗状；雄蕊5，不等长。蒴果，近球形；种子卵状三棱形，被褐色短柔毛。花期6～9月，果期7～10月，绿期至秋末。属兼性耐盐植物，土壤含盐量0.3%左右，pH＜8.0的盐碱土中生长良好。原产于热带美洲。在天津滨海新区轻度盐碱地普遍生长。供观赏，种子入药，中药名称黑丑、白丑。具有泻水、利尿、杀虫的功效。

科　名	禾本科 Gramineae
拉丁名	*Festuca arundinacea* Schreb.
英文名	Tall Fescue

高羊茅

多年生草本，具横走根茎。秆疏丛生，直立，高80～150cm，光滑。叶片长20～ 40cm，宽4～7mm，两面光滑。圆锥花序长20～30cm，小穗长15～18mm，具4～5花，绿色或紫色。颖披针形，无芒；第一颖小，具1脉，第2颖较长，具3脉。外稃狭披针形，芒长1.5～3mm，具5脉，外稃与内稃等长。花药长4～4.5mm。花果期6～7月。绿期至冬季或常绿。属兼性耐盐植物，土壤含盐量0.3%～0.4%，pH＜8.0的盐碱地均可种植建坪。广布于欧亚大陆和北美洲。中国分布于新疆。各地普遍引种，品种很多，作草皮用 。天津滨海盐碱地引种栽培，作园林绿化草坪、花坛等建坪材料，供观赏，护地。

紫茉莉

别名：草茉莉、胭脂花

科　名	紫茉莉科 Nyctaginaceae
拉丁名	*Mirabilis jalapa* L.
英文名	Four-o'clock

一年生草本植物。茎节膨大。茎直立，高约1m，光滑。叶卵状三角形，长3～12cm，宽2～8cm，全缘，无毛。花红色、黄色、白色，漏斗状。瘦果球形，熟时为黑色，具棱。原产美洲热带。全国各地均有栽培。本种耐盐性能强，能在土壤含盐量0.3%～0.6%的盐生荒地中生长。北京、天津、河北常见。天津市区及滨海新区道旁、庭院、房前屋后空地、垃圾地、荒地，盐碱地均有。本种根、叶药用，有清热解毒、活血化淤的作用；胚乳可作化妆品原料。还可供观赏。

References | 参考文献

[1] 中国科学院中国植物志编辑委员会. 中国植物志 20 卷、75 卷. 北京：科学出版社，1984

[2] 中国科学院植物研究所主编. 中国高等植物图鉴 1～6 册. 北京：科学出版社，1985

[3] 河北植物志编辑委员会. 河北植物志 1～3 册. 石家庄：河北科学技术出版社，1986

[4] 中国科学院植物研究所编. 新编拉汉英植物名称. 北京：航空工业出版社，1996

[5] 中国海岸带植被编写组. 中国海岸带植被. 北京：海洋出版社，1996

[6] 郑慧莹、李建东. 松嫩平原盐生植物与盐碱化草地的恢复 1～4. 北京：科学出版社，1999

[7] 曲仲湘等. 植物生态学（第二版）. 北京：高等教育出版社，1983

[8] 赵可夫. 植物抗盐生理. 北京：中国科学技术出版社，1993

[9] 赵可夫、冯立田. 中国盐生植物资源. 北京：科学出版社，2001

[10] 天津市海岸带和海涂资源综合调查组. 天津市海岸带和海涂资源综合调查报告. 北京：海洋出版社，1987

[11] 刘昉勋等. 论植被对盐土改良所起的作用. 江苏省海岸带、海涂资源综合考察与综合开发利用学术论文选编（第 1 集）. 1980

[12] 孙家山. 苏北盐垦史初稿. 北京：农业出版社, 1984

中文名索引

THE INDEX OF SPECIES NAMES IN CHINESE

安石榴　115
白边牵牛　134
白车轴草　54
白刺　21
白杜卫矛　83
白花紫荆　101
白蜡树　42
白麻　93
白茅　48
白三叶　54
白桑　104
白榆　76
百日红　116
柏树　81
半支莲　94
棒锤草　48
蓖麻　87
扁柏　81
草杜鹃　94
草芙蓉　131
草茉莉　138
侧柏　81
茶叶花　45
朝鲜碱茅　29
柽柳　30
臭八宝　129
臭椿　43
臭牡丹　129
臭梧桐　122
樗　43
楮树　103
垂旱柳　71
刺柏　100
刺槐　65
刺玫花　112
打瓜花　92
打碗花　90
大花马齿苋　94
大花牵牛　134
大理菊　133
大丽菊　133
大米草　34
大叶黄杨　84
单叶蔓荆　31
灯笼棵　92
地肤　26
地黄　99
地锦　129
东亚市藜　28
冬青卫矛　84
杜梨　44
杜氏毡毛柃　42
端午花　50
对叶莲　117
二色补血草　32
费菜　95
凤尾柏　82
凤尾兰　53
凤尾丝兰　53
芙蓉葵　131
高羊茅　137
枸杞　22
枸杞菜　22
枸杞子　22
构树　103
谷浆树　103
瓜子黄杨　124
桂香柳　40
国槐　67
海蔓荆　31
海蓬子　23
海棠　108
海棠果　109
海棠花　108
海州常山　122
汉宫柳　70，106
旱柳　70
合欢　63
荷花　59
荷兰翘摇　54
黑松　69
红花锦鸡儿　85
红鸡冠　127
红槿花　120
红荆条　29
红柳　29
红麻　45
红心柏　100
红叶李　110
红枣　62
狐米草　34
虎尾草　48
互花米草　33
华北卫矛　83
华丽丝兰　53
华蒲公英　38
槐　67
槐树　67
黄刺玫　113
黄刺莓　113
黄寿丹　121
黄须菜　24
黄杨　124
灰菜　37
灰梨　44
桧柏　100
火炬树　41
矶松　31
鸡冠花　127
加拿大杨　73
加杨　73
家桑　104
家榆　76
葭　55
碱地肤　27
碱地蒲公英　38
碱蓬　25
碱蒲公英　38
碱菀　51
见血散　95
箭叶旋花　89
江南槐　66
金莲子　60
金叶女贞　80
金银木　123
金银忍冬　123
金盏菜　51
金盏花　132
金盏菊　132
锦鸡儿　85
鞠　128
菊花　128
菊芋　125
苦楝　75
拉氏香蒲　57
喇叭花　136
兰花草　88
篱障花　120
藜　37
连翘　121
莲　59
莲花　59
莲叶荇菜　60
楝果子　75
楝树　75
楝枣子　75
裂叶牵牛　130
柳树　70，106
龙柏　77
龙爪柏　77
龙爪槐　68
龙爪桑　105
芦　55
芦苇　55
芦竹　56
鹿角漆树　41
罗布麻　45
马绊草　35
马莲　88
马蔺　88
马氏忍冬　123
马亚头　35
马缨花　63
馒头柳　106
曼陀罗　86
蔓荆子　30
毛白杨　74
毛刺槐　66
毛泡桐　107
茅草　48
茅根　48
茅针　48
玫瑰　112
美秋葵　131
明开夜合　83
木槿　120
苜草　97
苜蓿　97
闹羊花　86
宁夏枸杞　22
爬地柏　78
爬墙虎　129
爬山虎　129
盘草　48
炮火桐　122
铺茅　39
葡萄　98
蒲草　57
蒲花　57
千屈菜　117
千头柏　82
牵牛　136
墙下红　126
青麻　93
苘麻　93
秋菊　128
楸子　109
日本黑松　69
日本小檗　118
日本皂荚　64
绒花树　63
蓉花树　63
乳苣　39
若榴木　115
三春柳　29
桑　104
扫帚柏　82
沙枣　40
砂引草　47
山皂荚　64
石榴　115
熟季花　50
蜀葵　50
刷子头　48
水葱　58
水柳　117
水烛　57
丝兰　52
丝棉木　83
死不了　94
四季蔷薇　114
酸枣　62
穗花槐　46
棠梨　44
绦柳　71
桃　111
桃子　111
藤萝　102
天竺牡丹　133
田菁　49
田旋花　89
土梨　44
土三七　95
兔耳草　90
万年青　84
万桃花　86
苇子　55
无刺槐　66
无花果　79
五叶地锦　96
五叶爬山虎　96
西番莲　133
狭叶香蒲　57
香柏　81
响杨　74
向日葵　91
小檗　118
小旋花　90
小叶芦　35
新疆杨　72
荇菜　60
胭脂花　138
盐地碱蓬　24
盐角草　23
偃柏　78
偃桧　78
洋槐　65
洋姜　125
痒痒树　116
野西瓜苗　92
一串红　126
银柳　40
樱桃李　110
榆　76
榆树　76
圆柏　100
圆叶牵牛　135
月季花　114
月月红　114
月月花　114
枣　62
枣树　62
毡毛柃　42
獐毛　35
正木　84
中国旋花　89
中亚滨藜　36
追骨风　122
子孙柏　82
紫花苜蓿　97
紫花山莴苣　39
紫荆　101
紫兰草　88
紫茉莉　138
紫苜蓿　97
紫穗槐　46
紫藤　102
紫薇　116
紫叶李　110
紫叶日本小檗　119
紫叶小檗　119
醉心花　86

拉丁学名索引

THE INDEX OF SPECIES NAMES IN LATIN

Abutilon theophrasti Medic. 93
Aeluropus littoralis var. *sinensis* Debx. 35
Ailanthus altissima (Mill.) Swingle 43
Albizia julibrissin Durazz. 63
Althaea rosea (Linn.) Cavan. 50
Amorpha fruticosa Linn. 46
Apocynum venetum Linn. 45
Arundo donax L. 56
Atriplex centralasiatica Iljin 35
Berberis thunbergii DC. 118
Berberis thunbergii DC. var. *atropurpurea* Chenault 119
Broussonetia papyrifera Vent. 103
Buxus sinica (Rehd.et Wils.) Cheng 124
Calendula officinalis L. 132
Calystegia hederacea Wall. 90
Caragana rosea Turcz et Maxim. 85
Celosia cristata L. 127
Cercis chinensis Bge. 101
Cercis chinensis Bge. f. *alba* P.S.Hsu 101
Chenopodium album L. 37
Chenopodium urbicum L. ssp.*sinicum* Kung et G.L.Chu 28
Chloris virgata Swartz 48
Clerodendrum bungei Stend. 129
Clerodendrum trichotomum Thunb. 122
Convolvulus arvensis L. 89
Dahlia pinnata Cav. 133
Datura stramonium L. 86
Dendranthema grandiflorum (Ramat) Kitam. 128
Elaeagnus angustifolia L. 40
Euonymus japonicus L. 84
Euonymus maackii Rupr. 83
Festuca arundinacea Schreb. 137
Ficus carica L. 79
Forsythia suspensa (Thunb.)Vahl 121
Fraxinus velutina Torr. 42
Fraxinus velutina var. *toumeyi* (Britt.) Rehd. 42
Gleditsia japonica Miq. 64
Helianthus annuus L. 91
Helianthus tuberosus L. 125
Hibiscus moscheutos Linn. 131
Hibiscus syriacus L. 120
Hibiscus trionum Linn. 92
Imperata cylindrica var.*major* (Nees) C.E.Hubb. 48
Iris lectea Pall.var.*chinensis* (Fisch.)Koidz. 88
Kochia scoparia (L.) Schrad. 26
Kochia scoparia var.*sieversiana* (Pall.) Ulbr. ex Asche 27
Lactuca tatarica(L.) C.A.Mey 39
Lagerstroemia indica L. 116
Ligustrum vicaryi Rehd. 80
Limonium bicolor (Bge.) O.Kuntze 32
Limonium sinensis (Girard) O.ktze. 32
Lonicera maackii (Rupr.) Maxim. 123
Lycium barbarum L. 22
Lycium chinense Mill. 22
Lythrum salicaria L. 117
Malus prunifolia (Willd) Borkh. 109
Malus spectabilis (Ait.) Borkh. 108
Medicago sativa Linn. 97
Melia azedarach L. 75
Messerschmidia sibirica L.ssp. *angustior* (DC.) Kitag. 47
Mirabilis jalapa L. 138
Morus alba L. 104
Morus alba 'Tortusa' 105
Nelumbo nucifera Gaertn. 59

拉丁学名索引

THE INDEX OF SPECIES NAMES IN LATIN

Nitraria sibirica Pall. 21
Nymphoides peltatum (S.G.Gmel.) Cuntze 60
Parthenocissus quinquefolia (L.) Planch. 96
Parthenocissus tricuspidata (Sieb.et Zucc.) Planch. 129
Paulownia tomentosa (Thunb.) Steud. 107
Pharbitis hederacea (L.) Choisy 130
Pharbitis limbata Lindl. 134
Pharbitis nil (L.) Choisy 136
Pharbitis purpurea (L.) Voigt. 135
Phragmites communis Trin. 55
Pinus thunbergii Parl. 69
Platycladus orientalis 'Sieboldii' 82
Platycladus orientalis (L.) Franco 81
Populus alba L.var.*pyramidalis* Bge. 72
Populus canadensis Moench 73
Populus tomentosa Carr. 74
Portulaca grandiflora Hook. 94
Prunus cerasifera Ehrh. f. *atropurpurea* Jacq Rehd. 110
Prunus persica (L.) Batsch. 111
Puccinellia chinampoensis Ohwi 29
Punica granatum L. 115
Pyrus betulaefolia Bge. 44
Rehmannia glutinosa Libosch.ex Fisch.et Mey. 99
Rhus typhina Nutt. 41
Ricinus communis L. 87
Robinia hispida L. 66
Robinia pseudoacacia L. 65
Rosa chinensis Jacq. 114
Rosa rugosa Thunb. 112
Rosa xanthina Lindl. 113
Sabina chinensis var. *sargentii* (Henry) Cheng et L.K.Fu 78
Sabina chinensis (L.) Ant. 100
Sabina chinensis (L.) Ant. 'Kaizuca' 77
Salicornia europaea L. 23
Salix matsudana f. *pendula* Schneider 71
Salix matsudana Koidz. 70
Salix matsudana Koidz.var.*umbraculifera* Rehd. 106
Salvia splendens Ker-Gawl 126
Scirpus validus Vahl 58
Sedum aizoon L. 95
Sesbania cannabina (Retz.) Poir. 49
Sophora japonica L.f. *pendula* Hort. 68
Sophora japonica Linn. 67
Spartin patens (Aiton) Muhl. 34
Spartina alternifolia Loise. 33
Spartina anglica C.H.Hubb. 34
Suaeda glauca (Bge.) Bge. 25
Suaeda salsa (L.) Pall. 24
Tamarix chinensis Lour. 30
Taraxacum sinicum Kitag. 38
Trifolium repens Linn. 54
Tripolium vulgare Nees 51
Typha angustifolia L. 57
Typha laxmanni Lepech. 57
Ulmus pumila L. 76
Vitex trifolia L.var.*simplicifolia* Cham. 31
Vitis vinifera L. 98
Wisteria sinensis (Simg) Sweet. 102
Wisteria villosa Rehd. 102
Yucca gloriosa L. 53
Yucca smalliana Fern. 52
Ziziphus jujuba Mill. 62
Ziziphus jujuba var.*spinosa* 62

英文名索引

THE INDEX OF SPECIES COMMON NAMES IN ENGLISH

Adam' s Needle 52
Adhesive Rehmannia 99
Aizoon Stonecrop 95
Alfalfa 97
Alkali Belvedere 27
Amur Honeysuckle Tree 123
Aztec Dahlia 133
Belvedere 26
Birch-Leaf Pear 44
Canada Poplar 73
Castorbean 87
Central Asia Saltbush 35
China Rose 114
Chinaberry tree 75
Chinese Aeluropus 35
Chinese Arborvitae 81
Chinese Box 124
Chinese Dandelion 38
Chinese Flowering Crabapple 108
Chinese Iris 88
Chinese Juniper 100
Chinese Pagoda-tree 67
Chinese Redbud 101
Chinese Tamarisk 30
Chinese White Poplar 74
Chinese Wisteria 102
Chinese Wolfberry 22
Chingma Abutilon 93
Common Cockscomb 127
Common Cordgrass 34
Common Jujubetree 62
Common Morning Glory 135
Common Papermulberry 103
Common Reed 55
Common Seepweed 25
Common Sesbania 49
Crape Myrtle 116
Dogbane 45
Dragon Juniper 77
East Asian Goosefoot 28
European Glorybind 89
Felt Ash 42
Fig 79
Fineflowered Alkaligrass 29
Florists Dendranthema 128
Flower of an Hour 92
Four-O 'clock 138
Giantreed 56
Hankow Willow 70,106
Harlequin Glorybower 122
Hindu Lotus 59
Hispid Locust 66
Hollyhock 50
Imperial Japanese Morningglory 136
Indian Hemp 45
Indigobush Amorpha 46
Ivy-like Calystegia 90
Japanese Barberry 118
Japanese Black Pine 69
Japanese Creeper 129
Japanese Honeylocust 64
Japanese Spindle-tree 84
Jerusalem Artichoke 125
Jimsonweed 86
Lalang Grass 48
Lambsquarters 37
Largeflower Pharbitis 134
Largeflower-Purslane 94
Lobedleaf Morning Glory 130
Maackii Spindle-tree 83
Manchuria Rose 113
Marshfire Glasswort 23
Marshhay Cordgrass 34
Musky Hibiscus 131
Narrow Siberian Messerschmidia 47
Narrowleaf Cattail 57
Narrow-leaved Oleaster 40
Peach 111
Pearleaf Crabapple 109
Pendent Japanese Pagodatree 68
Pendulous Hankow Willow 71
Pomegranate 115
Potmarigold Calendula 132
Prostrate Chinese Juniper 78
Purple Barberry 119
Purple Loosestrife 117
Red flower Peashrub 85
Red-Leaf Plum 110
Rose Glorybower 129
Rose of Sharon 120
Royal Paulownia 107
Rugosa Rose 112
Saline Seepweed 24
Scarlet Sage 126
Seastarwort 51
Shield Floatingheart 60
Showy Chloris 48
Siberian Elm 76
Siberian Nitraria 21
Siebold Chinese Arborvitae 82
Silk Tree 62
Simple-leaf Shrub 31
Smooth Cordgrass 33
Softstem Bulrush 58
Spanish Dagger 53
Staghorn Sumac 41
Sunflower 91
Tall Fescue 137
Tatarica Lettuce 39
Tortuous Mulberry 105
Tree of Heaven Ailanthus 43
Twocolor Sealavander 31
Virginia Creeper 96
Weeping Forsythia 121
White Ash 42
White Clover 54
White Mulberry 104
Wine Grape 98
Xinjiang Poplar 72
Yellow Locust 65
Yellow Privet 80

主　　编：王二林

副主编：刘奎义　唐廷贵　贺　振

参编者：王辰昊　王和祥　穆　强　陈周美　李彩良
马　驰　徐　立　庄　庆　董连起　王　竹

摄　　影：穆　强

统　　筹：王　竹　尚雅君

中国林业出版社·环境景观与园林园艺图书出版中心

策　　划：邵权熙　李　惟

责任编辑：李　惟　贾麦娥

图书在版编目(CIP)数据

天津滨海盐生植物/天津滨海新区管理委员会 主编. —北京：中国林业出版社，2007.7

ISBN 978-7-5038-4908-4

Ⅰ.天… Ⅱ.天… Ⅲ.盐生植物－研究－天津市 Ⅳ.Q949.4

中国版本图书馆CIP数据核字(2007)第098547号

出版发行　中国林业出版社(100009 北京市西城区德内大街刘海胡同7号)

E-mail：cfphz@public.bta.net.cn　电话：(010) 66187584

网址：http://www.cfph.com.cn

经　销　新华书店北京发行所

制　版　北京美光制版有限公司

印　刷　深圳中华商务安全印务股份有限公司

版　次　2007年7月第1版

印　次　2007年7月第1次

开　本　230mm × 305mm

印　张　18

定　价　128.00元